LOCUS

LOCUS

LOCUS

LOCUS

touch

對於變化，我們需要的不是觀察。而是接觸。

a *touch* book
Locus Publishing Company
11F, 25, Sec. 4 Nan-King East Road, Taipei, Taiwan
ISBN 986-7600-49-5 Chinese Language Edition

May 2004, First Edition

Printed in Taiwan

創造之夢・企業之心
作者：吳錦城
責任編輯：陳郁馨　美術編輯：何萍萍
法律顧問：全理法律事務所董安丹律師
出版者：大塊文化出版股份有限公司　e-mail: locus@locuspublishing.com
臺北市105南京東路四段25號11樓　**讀者服務專線：0800-006689**
TEL:(02)87123898　FAX:(02)87123897
郵撥帳號：18955675　戶名：大塊文化出版股份有限公司

總經銷：大和書報圖書股份有限公司　地址：台北縣五股工業區五功五路2號
TEL:(02)89902588（代表號）　FAX:(02)22901658
排版：天翼電腦排版印刷股份有限公司　製版：源耕印刷事業有限公司
初版一刷：2004年5月

定價：新台幣280元

touch

創造之夢・企業之心

高科技創業的成敗關鍵與核心價值

The Soul of a New Company

吳錦城

謹獻給我父母吳慶宗、魏教

（前排左一爲作者）

"A man may die, a nation may rise and fall, but an idea lives on."

「人有生死，國家有興衰，但理念長存。」

——甘迺迪總統（President John F. Kennedy）

目錄

附錄

序一

陳之藩

一九九九年尾，也就是二十世紀末，許多國家，特別是美國，均有二十世紀這一百年中科技界重要人物之評估。各類媒體所推出的名單是下列二十位：

1.愛因斯坦：他的相對論改變了人們的宇宙觀；

2.玻爾：對量子力學的解釋影響了二十世紀的科學與哲學；

3.海森堡：他提出的測不準原理讓人認識了微觀粒子的本性；

4.薛定諤：他的波動力學方程是量子力學的標準方程；

5.盧瑟福：在原子核物理和原子核化學方面做了基礎性工作；

6.歐本海默：製造第一顆原子彈的組織者；

7.萊特：威爾伯和弟弟奧維爾發明了飛機，改變了二十世紀的天空；

8.克里克：和華生發現核酸的分子結構，奠基現代生物學；
9.布勞恩：當代航天科技的奠基人；
10.馮紐曼：對電子計算機理論做出最大貢獻的科學家；
11.居里夫人：在放射性研究方面有重大貢獻和影響；
12.蓋茲：比爾·蓋茲是九〇年代對世界影響最大的軟體專家；
13.普朗克：第一位提出量子觀念，導致了量子力學的產生；
14.魏格納：二十世紀地球科學的奠基人；
15.哈勃：現代天文學的奠基人；
16.馬可尼：無線電通訊的奠基人；
17.倫琴：發現X射線，在二十世紀得到廣泛的應用；
18.錢學森：中國的航天之父；
19.哥德爾：對數學和哲學有根本影響之人；
20.佛洛伊德：在心理學領域影響最大的人。

這個二十世紀科技界最重要人物的名單，看來非常有趣。把愛因斯坦與蓋茲放在一起，不免令人驚異。可是，他們對世界的影響，究竟誰大，實在也不易講。就是比較此二人的少年時代，愛因斯坦固然是能逃學就逃學，能翹課就翹課。反正他是自修，最多是與好友切磋，不拿學校當一回事；而蓋茲呢，他父親好不容易把他送進哈佛大學，他呆不了一兩年就辭別而去。他認為念完四年躭誤太多時間，而時間必須把握。創業時機不容錯過。把這兩位放在一起，仔細一想，又不是太突兀了。

好在這些姓名，差不多我們全耳熟能詳。略加分類有十位是得過諾貝爾獎的；剩下的十位是沒有得過諾貝爾獎的。我們又發現了，愛因斯坦、玻爾、普朗克、倫琴……等，是研究小東西的，是微觀的；而歐本海默、布勞恩、蓋茲、錢學森……等，是搞大組織的，是宏觀的。

航天、戡地、倒海、排山，固然大而又大，其實，馮紐曼之於電腦，佛洛伊德之於心理等等，所搞的東西，不見得尺寸很大，而是極複雜之能事。相對而言，也就是無比的大了。這群功臣，自歐本海默，至佛洛伊德，均未得獎，倒是大家都知的事實。

所以，我覺得，得獎的那十位是搞小東西的革命者，星星之火燎起原來以後，對世界所生的影響甚大，而另十位是獻身於大而複雜的系統，可以說是組織者。前者的動機主要是好奇、縱嗜或愛美，好像「愛情」，每個人有自己的解釋；後者的動機卻是救國、助人或發財。動機雖不同，其孜孜的努力、矻矻的窮研，流血或流汗見於外，焦思與焦慮存於中，則大致是一樣的。而貢獻所至，差不多都是翻天覆地的規模。因爲他們的立功立言，不只是我們所住的地球變了，就是所見的宇宙也變了。

由小的顆粒研究起，向深處追查，可以說是物理派；研究的方法是把環境搞清楚，爲求簡單，假設因而多起。可是那些以大的系統爲目標的一類，向遠處發展，可以說是工程派，他們不能有任何假設，也不能有任何限制，考慮到的是全球的現狀，與各方面的參數。歐本海默及錢學森，馮紐曼與蓋茲，都是屬於此類。他們的特色，是組織的成功與目標的達到。媒體所選是看對世人的影響有多大。在此二十人的評估中，由革命者與組織者二類平分，倒是偶然的巧合。不過對後世影響的範圍都是到了令人震驚的地步。

我們就以蓋茲爲例，對計算機這一行從一九四幾年開始到蓋茲以軟體興家的簡史略加回溯，藉以說明組織者的特性。

從一九四幾年代起，是艾克特（Eckert）以二十歲的稚齡，動員賓夕法尼亞大學的師生做出 ENEVAC，所用的主要是一萬八千個眞空管。那時候尚沒有電晶體，他所遇到的困難，也許是一萬八千個眞空管所發的熱，究竟用多少電扇向四面吹的冷卻問題。而他的成不成功端賴全面工程的顧到與大小毛病的解決。在第一台普通目的的計算機完成後，他們就利用成功的餘威組織 UNIVAC，製造計算機硬體來擴充科學及工程計算上之應用，同時轉為公司。就計算技術而論，他們是成功的，可是在事業上卻失敗了，鬥不過IBM的商業用途，也就黯然落幕。這是二十世紀五〇年代到六〇年代的故事。

IBM的眼光是注意大的國防應用、大的保險事業，總方向是從科學計算轉到企業利用，而與日常使用或小民應用並無關係。計算機是向大的方向發展，所謂第四代、第五代等接踵而至。

兩個史蒂夫（Steve）的蘋果到來，並不是兩個史蒂夫有特別聰慧的新猷，而是IBM的不屑於搞小。唾手可做到的事不肯做，竟使整個企業為之不支，因而小的計算機湧上來了。

王安由可以寫程式的計算器到辦公室自動化，他又成立軟體研究及中國文化研究的機構或項目。我們事後看來，只覺得他的主要政策大體正確，至少是不離譜，可是他並未悟出軟體研究如此簡單的事，關係著整個電腦的發展，他未予以足夠的重視實是致命的失敗之由。軟體書寫並不僅是技術問題，而是一個文化問題。拿最簡單的當時的例子即可說明。寫足球賽的電子遊戲，不懂足球規例，是寫不出來的；寫警察捉賊，不懂法律程序，也是無從寫起的。

如此，到了九〇年代，比爾．蓋茲來了。他以軟體的旗幟指出電腦發展之正途。他躋身於二十世紀的前二十名科技風流人物之中，是當然又顯然的了。

我們敍述蓋茲的興起正是說明搞大組織者不能不顧及到世界全盤的知識、把握住瞬息萬變的時機、作到當機立斷的決定。

總之，新事物的到來，無論看來多麼不重要，組織者均要考慮及之。企業擴展的契機，就可能由此而來。九〇年代是蓋茲的軟體時代，而就在各種軟體陸續問世時，通訊事業顯然起飛了。近因是克拉克的商業化網路技術，遠因是美蘇競爭與蘇聯解體，許多競爭時的秘密頓時解開，資訊革命悄然而至矣。

如果說在計算機的大流中，闖進來通訊自然可以；如果說通訊的大流中，闖進來計算機也可以。這是二十世紀的大事，我只有將範圍縮小，說說中國血統的人，他們如何走上世界的舞台，又是扮演什麼樣的角色。在這個驚心動魄的大戲中，重要的角色還眞不少，其中之一就是吳錦城先生。

不過，二十世紀的二十人中，只有一位錢學森是中國人；二十一世紀末，再作此類評估時也許有一、二位，或三、四位是中國血統的人，也可能有錦城。

大體說來，電腦界王安的前瞻眼光，是不容抹煞的。康寧漢出於其旗下，錢伯斯也出於其旗下，令人深服其成功之非偶致；網站界楊致遠的綜合判斷，也是可圈可點，而其輟學出山情景亦頗似蓋茲。錦城之箭點（ArrowPoint）第一功，是非常驚人的戲劇場面。在那種泡沫之年，差之毫釐、失之千里的諺語也不足以形容。

錦城的箭點通訊企業以及以後接二連三的成功，大致記在這本精簡扼要的小書裏。書雖小，在在看出他的前瞻的眼光與綜合的能力。

我與元方曾在波士頓坐著錦城和沙林的小船，出海航行了一圈。他沒有說什麼，好像也沒有做什麼似的安詳的當著舵手。我們算是大同行，但絕對沒有提及電腦或通訊的事。我那天所想的卻很奇怪：先想愛因斯坦在一九二〇年左右名譽陡升，是否與一戰結束世人的消極有關？而梅爾維爾（Herman Melville）的《白鯨記》是在作者去世三、四十年後成了名著，也是在一九二〇左右？回到家裏，我問元方，《白鯨記》的深層意義是什麼，她笑而未答；我對她倒講了一些電網的高速公路。

（陳之藩現爲香港中文大學榮譽教授）

序二

施振榮

吳錦城先生是交通大學的傑出校友，旅居美國多年，是一位優秀的華人資訊業者，在短短的四年內成功的創立兩家公司，並爲世界級的大公司高價併購。不但圓了自己的創業夢，也創造了上百位擁有百萬美金的員工。現在他正積極進行第三次創業。究竟是什麼原因讓他創業之途屢造佳績，在本書中，作者有清楚扼要的說明。

事實上，坊間討論創業的書籍很多，但少有從業者本身的角度，做深入的探討，包括創業的心路歷程、該留意的陷阱、成功的關鍵、創業初成之後的心態調整，及創辦人之間的角色扮演和公司治理。作者以他創業有成的親身經驗，對這些課題都有完整的描述，並傳達了清晰的觀念，可說是難得的佳作，提供有志創業者諸多借鏡。

我於民國六十一年初嘗創業之路迄今，經歷多次自我創業，也看過許多公司的起伏，對於本書中有關資訊革命的描述、作者對台灣科技產業的關切與建言、未來資訊科技的走向，以及對資訊革命創業先驅的探討，均深表認同。作者以過來人的身份，將豐富的創業與經營實務經驗加以整理，提出精闢的見解，深具參考價值。

台灣和美國的東西兩岸，可說是世界上最勇於創業的地區，尤以高科技業爲然。作者過去創業的經驗雖然來自美國，但由於台灣經濟整體環境受到美國的連動，因此本書對於籌措創業資金的描述，也可供台灣有志創業者參考。目前，創業基金無論在美國、台灣兩地都面臨新的挑戰，投資者對於創業團隊的要求也越來越多，因此創業團隊的條件就相對顯得更爲重要。

本書有諸多看法非常正確，也很務實，例如作者提到科技產品的開發要注重市場接受能力；公司的股權分配原則應該盡量透明化；創業夥伴之間宜存有高度互補性；以及不論公司未來被併購的可能性有多高，都要將目標鎖定在建立一個成功的公司。

吳先生將他的切身體驗載入本書，對有志創業者，不論是自行創業或是企業內部創業，均是良好的指引；對於企業之經營，以及政府的決策，亦具有相當之參考價值，可讀性亦高，我個人樂於推薦。

（施振榮現爲宏碁集團董事長）

序三

徐作聖

吳錦城學長邀請我為他的新書作序，心中甚為惶恐，第一我與吳學長交往尚淺，而求學及工作各有不同，不知是否能眞正了解書中眞正的內涵（soul）·，我學的是分析化學與企業管理，但從未眞正有過創業的經驗，雖然自己教的是「創新管理」與「企業策略」，故深恐誤導讀者的思維·，再者，吳學長創業的經驗主要集中於美國東岸，而我雖在美國多年，但從事的主要是科技研發的工作，而這幾年在科管所的教學經驗主要侷限於台灣的高科技產業，深恐誤讀了吳學長的內容。但所有的種種，在我讀完了書中的內容後，有了截然不同的看法，同時對吳學長提點後進的用心良苦與台灣產業發展的關切產生了深忱的敬意。

吳錦城學長是一位傑出的交大校友，其經歷從跨國企業的高階主管到新創企業的領導人，具有完整的科技產業經驗。產業的發展有其時代的背景，而吳學長身歷其境地躬逢其盛，在他三次創業的過程中，吳學長累積了豐沛的經驗，今不吝與我們來分享這個經驗，實爲吾人之福。

科技與科技產業的發展有其歷史的必然性，從農業時代、工業時代到現在的資訊時代，科技、產業的互動造成了科技的精進與生活的改善。在工業時代，大型跨國企業，由於擁有大量的資源與科技能量，成爲科技發展的最大灘頭堡；但在資訊時代裡，全球化與快速的市場變化使得「創新」成爲成功的不二法則，而具有彈性、創業家精神、創新等特質的新創企業成爲了科技發展的最大動力。這種趨勢的發展，除了造成科技創新的快速發展與生活品質的提昇之外，更打破了傳統的思維（數大就是美），使得科技朝向多元化創新的方向發展，而具有科技實力的人能有嶄露頭角的機會。

產業競爭及創新是資訊時代中重要的經營策略，而競爭及創新策略是企業創造附加價值的主要手段。在策略的制定與執行上，企業必須針對產業結構來規劃其經營策略，而企業的創新策略更應隨產業的需求而異，如此才能針對產業的需求來培植企業的核心能力，使其能在競爭激烈的國際市場中立於不敗之地，而吳學長的經驗正是台灣高科技產業發展所需借鏡的地方。

從台灣高科技產業的發展來看，「低成本優勢」是過去的經營模式，而未來將朝向「創新導向」的經營模式來發展。在過去，由於台灣屬於追趕型（Catching-up Economy），我們習慣於規劃性的產業發展，而終極目標在於模仿與低成本策略。但在資訊時代裡，全球化造成了對創新永無止境的需求，但由於市場與科技的不確定性，加上產業結構尚未成形，故規劃式的經營模式將被「自然形成」（autonomous）取代，而多元化的創新將成為主流的經營模式，扮演著無可取代的角色，其中新創企業、企業家精神、資金將成為科技發展的主要動力。

高科技創業是一個錯綜複雜的課題，除了需要創業者全心的投入外，對經營環境的了解與掌控更是成功的關鍵，從資金的籌措、研發團隊的組成、產品的開發與銷售，到時效的掌握與策略的應用，在在考驗著創業者的耐力與智慧。在這同時，「人生機運」也扮演著重要的角色，在時效、機運之外，企業軟硬體條件的配合與策略更是成功的關鍵。在這知識與創新爆炸的時代裡，吳學長能以驚人的毅力與過人的智慧三次創業，實在值得吾人學習。

身為交大校友與傑出科技人，吳學長的書中內容充滿了理性的分析與感性的訴求，從創業的硬體需求（科技、人才、資金、管理）到軟性的需求（心路歷程、對產業發展與宏觀環境的了解、領導統御）都有詳細的描述，這本書的內容跨越了國界、時空領域與產業別，是任何有心創業者或企業經理人，乃至於國家政策制定者都必須要讀的一本書。本人有幸能先睹為快，誠為一大樂事。

（徐作聖現為交通大學科技管理研究所教授）

前言
我寫這本書的動機

（匈牙利布達佩斯）

每次看到年輕孩子對自己的未來充滿憧憬，
好像又看到30年前的自己，
深怕打破他們的夢，
真希望每一個有心的夢都成真。

七〇年代末期，電腦資訊工業正處於從ＩＢＭ的大型電腦轉移到新的迷你形電腦的激烈變革。ＩＢＭ的電腦市場因受到迷你電腦(Minicomputers)公司的侵蝕而迅速下滑。在這時，麻州的迷你形電腦公司包括迪吉多(Digital Equipment)、通用電腦，和由華裔企業家王安博士創辦的王安電腦(Wang Laboratory)，因就近吸收麻省理工學院(ＭＩＴ)與附近十幾所大學的科技精英而迅速崛起，造成了八〇年代的麻州奇蹟，並使麻州變成世界新的電腦工業中心。

相對的，那時在西岸舊金山附近的矽谷尚未開發，這種「東強西弱」的情形一直延續到八〇年代後期，昇陽(Sun Microsystems)和惠普(Hewlett Packard)因微電腦引起的革命後才漸漸西移。當時的電腦技術，正面對從十六單元處理機突破到三十二單元處理機的嚴肅挑戰。在當時，這個技術瓶頸是每一個電腦公司必爭的領先技術。所以我任職的通用電腦公司決定，爲了讓這一場科技大戰留下歷史見證，而破例允許一個叫Tracy Kidder的作家變成「隨隊作家」，每天與工程師們生活在一起，長達兩年之久，以便在產品完成之後，爲科技發展寫下一頁活生生的科技突破的奮鬥史。這本書的書名就叫 *The Soul of a New Machine*(一部新機器的靈魂)①。

這本書出版以後很快的就變成一本暢銷書，被奉爲一本眞正深入探討科技研發根源的佳作。事實上，絕大多數的科技從業人員終其一生，鮮有眞正的從無到有的創新機會，有點讓人覺得「養兵千日」雖爲用在一時，卻又不知它會何時到來。一般的研發重心都集中在已有產品的改良。所以對於科技研發者來說，他們所創造出來的高科技產品是藝術，而不是一個無靈性的人造產物。它的靈魂是它的創造團隊所有靈魂的綜合體，散發著每一個貢獻者的思維。

多年來我從自己創業的過程裏，深深的領悟到一個公司的成長與它發展的產品一樣有靈性，有它自己的文化性格。它代表的是它所有的員工和每一個員工後面的家。它孕育了許多劃時代的貢獻，它隱藏了許多員工的喜怒哀樂，它是許多人生活的重心。因此每次我受邀演講我的創業生涯，我總是用「一個創業家的靈魂」(The Soul of a New Company) 爲題②。

我在演講的場合裏認識了很多有創業熱忱的人。在交談中我注意到自己在創業生涯裏的許多切身經驗對一個憧憬創業的人來說，有很大的啓發的作用。對少數已經走上創

---

① Tracy Kidder 著，Modern Library 出版，ISBN0-679-60261-5。

② 參見本書附錄四。

業路的人，他們又有「相聽恨晚」的遺憾。這是我動念寫書的開始。

ＭＩＴ希臘裔電腦軟體實驗室主任麥可・德托羅斯（Michael Dertouzos）寫了一本叫 *What Will Be* 的通俗的書③，用非常簡單明瞭的解說方法來講述非常專業的資訊革命。這本書在美國變成一本暢銷書，廣爲非科技人閱讀。我想，既然要寫，就應把讀者群設定的廣，而又不失它的原旨。

雖然坊間談科技與創業的書不少，但是多半談的是對自己創的公司的回顧，而且鮮有用創辦者的角度來廣泛的看資訊科技的遠景，或以客觀的態度來深入探討創投與公司運作裡，一些「心理」層面與「判斷」層面的大問題，而一般的管理書籍卻又以通用管理原則的傳授爲主，因此讀起來沒有一種切身的直接感（originality）。

我寫書的原意是希望對下列讀者群有用：

1.可以是一本商學院ＭＢＡ談高科技企業文化和研發課程的教材

2.可以是一本高科技業者看科技走向的書

---

③舊金山 Harper 出版，ISBN 0-06-251540-3。中譯書名爲《資訊新未來》，時報文化一九九七年出版。

3.可以是科技政策制定者需要了解科技全球化（globalization）大環境的參考

4.可以給創投與創業者參考的書

因此我希望這本書不侷限於狹義的創投經驗談，因爲創投固然需要指引，但有一些更根本的大問題才是眞正促成日後成功的關鍵。

美國在二次世界大戰後國力的強盛，與它科技的發展有直接的關係。而造成這種現象的原因，除了拜世界各地最頂尖的科技人才移民之賜外，還有美國特有的鼓勵研發突破的創投環境。甚至在經濟不景氣的二〇〇三年，美國的創投小公司與中小企業還是創造了一百二十萬個新工作。這就是爲什麼美國的失業率在如此差的環境下還偏低的原因。

世界上其他先進富有的國家，像西歐和日本等，雖然國家總生產力強大，卻因創投環境僵化而無法突破。在日本和法國，除非你是名校的畢業生，否則很難被創投公司網羅，一圓創業夢。但是在美國，微軟、甲骨文（Oracle Corp.）與戴爾電腦的創辦人都是沒有大學文憑的奇才，而且都成爲他們領域裡最傑出的領導者。

創業成功的人多如過江之鯽，我的個人經驗雖有不少的參考價值，但我眞正想嘗試的，是以比較寬廣綜合性的角度來寫作，盡量舉示實例，點出一般常見的不正確看法，和讀者分享我的看法，而且我希望這本書能對高科技以外的創業者也能有所助益。我更希望由於出版這本書，能警惕許多未來的創業家避免犯下許多我犯過的錯誤，使他們能全力打造我們的未來。也因此我在寫這本書時，特意的將個人色彩和公司的隱私減到最低。

在大環境方面，我把書中探討的時代背景集中在一九九五到二〇〇三年之間。因爲在這一段時間裡，我們經歷了數據時代的大起大落，正好可以藉此討論，如何在不同的大環境下，看自己的願景和成功的個人與社會的定義。

我把這本書分成兩大部分。第一部討論資訊科技的時代背景與走向，並對產品願景的探索與下一世代的科技趨勢加以分析。第二部討論創業前的準備，和投資家之間的微妙關係，並對成功創業家的特質試作分析；因爲這一部包含的範圍很廣，所以我盡量引用一些實例，使原則的講述可以因實例的經驗而讓讀者眞正融會貫通。

創業的商業目的在於投資的回報。通常回報並不表示公司一定得上市。事實上，眞正能上市的公司少之又少，大部分的創業公司多是以被兼併收場或維持自己的私人公司作業形態。所以我在談完創業階段後，談了創業最後一個階段裡上市與兼併的考量。

一個再成功的公司，如果沒有創辦人的開路就沒有存在的可能，更不用說日後的成功壯大了。但公司對創辦人來說就如「視如己出」的孩子。孩子終究會長大成人，當父母的卻有不能放手的感情牽扯。所以我接著討論了創辦人與公司關係的自然演變。

最後，我把自己三度創業的反思和我對未來科技的走向，做了一個總結。

我眞的覺得從第一次創業後，我就有一種「一日創業，終生爲職」的感覺。我願當一個永遠的創業者。

Part I
資訊革命的時代背景與走向

（瑞士日內瓦湖）

資訊革命開啟了知識經濟時代的大門，
把世界各地的信息，
即時地展現在眼前，
讓我們予取予求。

1
我的「華爾街傳奇」

（西班牙古阿拉伯皇宮）

"You must do the thing that you think you cannot do."

「你必須去做你認為你不可能做到的事。」

——羅斯福總統夫人（Eleanor Roosevelt）

二〇〇〇年三月，我創辦的箭點通訊公司（ArrowPoint Communications），在美國科技股市那斯達克（NASDAQ）上市，一鳴驚人，第一天市值高達四十一億美元。由於當時箭點只是一個成立才三年半的小公司，而且尚未轉虧爲盈，使得我一時變成媒體追逐報導的對象。大家都想知道到底這個區區三百五十名員工的小公司，掌握了什麼產品與市場的先機，得以受到如此的重視？

沒想到，箭點在上市短短的兩個月後，再以五十七億美元的天價賣給全世界最大的網路設備公司思科（Cisco），使得箭點的傳奇就這樣子在美國與我出生的台灣傳開來。許多人都問，既然才剛上市，爲什麼又在這麼短的時間內把公司給「賣」了呢？

箭點被思科以天價收購後，作者接受美國CNBC訪問。

二〇〇二年十月，我應思科中國區總裁杜家濱的邀請訪問大陸，大陸的媒體以「華爾街奇蹟重現」，來報導我在大陸的演講與活動。

在我長久居住的美國東岸，科技界的同仁都把我兩次創業均以高價上市或被收購的傳奇①，當成他們創業成功的目標。畢竟，這種以小搏大，在四年中從平地而起，創造了二千億台幣新智慧產權的*e*世代奇蹟，只有在結合天時、地利與人和的情況下，才有可能發生。現在我才瞭解，我的創業高峰，正好與一個劃時代的資訊革命不期而遇，我不但目睹了這個革命，我還身歷其境！

其實，我是個「創業晚成」的人。我在一九九五年第一次創業時已經四十五歲。從一九九五年的春天直到今天，我已三次創業②。由於前兩次的成功，許多人都以爲我起步早，是個天生的創業者，而不知我踏入創業的路，是在我的上班生涯夢醒以後才有的想法。也因此我經常鼓勵他人，盡量去發現自己，不要滿足於安逸的現狀。

一九七七年我從印第安那大學研究所畢業，在芝加哥做了一年事後，由於一個偶然的機會，我在麻州的通用電腦公司（Data General）找到一個軟體工程師的工作。由於當時整個迷你電腦工業正在迅速擴張，我在一九七八到一九八二年的四年間，參與許多新的大型電腦作業系統的研發，並有幸與一些非常頂尖拔萃、一時之選的同事一起研發產品。

①我於一九九五年第一次創業的公司，以一億五千萬美元在成立六個月後被併購。
②我第三次創業是在二〇〇二年初辭去思科的副總裁職位以後，成立 Acopia Networks（http://www.acopia.com），展開我「三掄元」的夢想。

其中有一位從麻省理工學院出身，叫強納生・薩克斯（Jonathan Sachs）的同事後來離開通用電腦，利用我們在通用電腦研發的部份心得，寫下了世界上第一個Spreadsheet軟體，並藉此成立了後來與微軟相抗衡的蓮花公司（Lotus Corp.）③。另一位來自伊利諾大學，叫雷・歐日（Ray Ozzie）的青年工程師，就是在九〇年代初期為IBM發展它最成功的PC軟體Lotus Notes的創始者。我在通用電腦的四年，讓我學到許多研發的技巧和科技方向的探索，對我後來自己的研發思考有啓蒙之功。

我在一九八二年離開通用電腦，加入了精華電腦（Prime Computer），最主要的原因是因為精華電腦給我一個研發管理經理的職位。在精華電腦的十年裡，我沒有一絲創業的念頭，當時的精華電腦已發展成一個十億美元營收的大公司，而我的職責也逐年增加。我每天兢兢業業的奮鬥，只夢想有一天能升到負責研發的副總裁，然後告老還鄉，吾願足矣。這個夢一直到我在精華電腦的第十個年頭，公司開始走下坡時，我才夢醒。回首當年，我看到一個自己在象牙塔裡編織了十年的夢，一味追求一個虛幻的公司頭銜，而迷失了自己原有的自我探索本能。唯一讓我感到欣慰的是，在精華電腦的十年，因為職

③蓮花軟體公司後為IBM收購，成為IBM的一個應用軟體部門。

位的關係，我從一個單純的工程師變成一個有完整視野的高科技研發主管。

一九九一年我離開了精華電腦之後，曾嘗試創業。我心想：以我在精華電腦的資歷，創投公司一定會對我施以青睞，沒想到我卻吃了閉門羹，在嘗試創業三個月後，才知道我在大公司學到的研發管理並不表示我已有創業的健全準備。從這次的挫折，我才下定決心，加入一家小公司學習公司的全面運作，一直到一九九五年在一個偶然的機會裡認識了已經有創業經驗的創業家陳五福先生，才從此踏上我的創業路。

創業並不是高科技專屬的，所以我也希望許多自己的經歷和體驗，可以嘉惠其他行

1995年第一次創業共同創辦人：義裔杜爾齊(Dolce)、創業聞人陳五福與作者。

2000年十月，思科公司在台北六福皇宮舉辦的演講會場。

作者與思科中國總裁杜家濱在北京。

業的有志者。高科技創業最大的不同，在於創始者能同時充分的掌握科技和市場的前瞻。我有幸在創業之前，因爲職位的關係，參與許多公司高層的策略決策以及與市場部門之間的協調，使我在這方面從一開始就覺得駕輕就熟。

從一九九五年春天直到今天的三次創業，讓我深深體會到，不管你的經驗有多豐富，每一次創業都是一個全新的挑戰，而且每次遇到的瓶頸、挫折和外在環境，都迥然不同。所以每次聽到有人說我第三次創業，做來一切應該非常得心應手，我總是急著回答說，創業的經驗確實可以讓我避免一些可以避免的錯誤，但是卻沒有辦法幫我預測我將會遭遇的新挑戰是什麼，更不能教我如何解決它們。也正因如此，每次它都爲我「挑戰自己」的企圖心，提供了一個最佳戰場。這就是我爲甚麼樂此不疲的原因，這也印證了麥克阿瑟將軍「老兵不死」（Old soldiers never die; they just fade away）的名言。

雖然創業的成敗很難預料，但是許多創業失敗的例子，還是可以在它一開始時就看出一些端倪，而且原因不外是創辦人犯下了原本可以避免的錯誤。所以創業的準備，是爲了把所有可以避免的錯誤都事先剷除。創業難，成功後的守成更難。其中創辦人的願景、領導能力、胸襟和使命感都扮演很重大的角色。這也是爲什麼我要用一個創業者的角度來寫這本書的原因。

2
網路泡沫與資訊革命

（澳洲雪梨海岸）

劃時代的科技突破，

往往是偶然的收穫。

但是其影響之深，

又每每遠超出原創人的預料。

網際網路的時代背景

第二次世界大戰期間，因爲戰事變幻莫測，同時科學軍事工程的重要性和急迫性與日俱增，導致美國羅斯福總統做了一個相當突出的決定。一九四一年，他設立了一個劃時代，以全力發展尖端國防科技爲主軸的科學研究發展中心。他的構想是結合全美國的科學家，集思廣益。於是羅斯福總統任命麻省理工學院的凡內瓦・布希教授（Vannevar Bush）①擔任總負責人，延攬了全國最優秀的六千多位科學家加入旗下。這個研究機構就是日後發明雷達與氫彈的組織。

三年之後，二次世界大戰已經接近尾聲。這個時候，羅斯福總統有感於這個組織不應該就此解散，國家應該繼續借重這些科學家的長才，共同爲美國戰後的重建工作盡一份心力。於是，在一九四四年正式成立了國家科學基金會（National Science Foundation），並請布希繼續襄助。布希從戰爭期間的研究裏面，深切的感受到，科學的發展極限，在於如何有效而且即時的把重要的資訊吸收、分析，然後加以應用。也就是說，

①與當今美國布希總統並沒有血緣關係。

人類即將面臨知識爆炸的新時代，唯有發展智慧型的資訊系統，才能把人類吸收新資訊的能力大幅提昇。

布希教授「向傳統資訊概念挑戰」的靈感開啓了一個新時代

在當時，用來做數據處理的電腦極少，而且極爲昂貴，因此只有少數的人有機會使用，而且每一部電腦佔據的面積驚人，往往把一層有冷氣的大樓都佔滿了！而布希在那個時候卻已經可以看到，電腦的發展勢必朝體積縮小的方向走，更驚人的是，他預測桌上型的電腦終將出現，而這種電腦將有能力把全世界的科學資訊有效的組織起來，儲存在電腦裡，資訊唾手可得，還能引導使用者迅速的把所需要的資料找到。這在當時聽起來，像是天方夜譚般的神話，卻成爲數十年來的資訊發展的最高願景，並促成二十世紀末的資訊革命。

當然，今天的PC仍然沒有辦法把全世界的資訊都儲存起來，但是由於網路的發展，使得遙遠的資料變得唾手可得，不論資料本身被儲存在世界哪一個角落。這也就是說，網際網路（Internet）是資訊革命幕後的推手，它把資訊虛擬化，把桌上的PC魔術般的變成一個儲存量無限的資料庫，隨時待命，把全世界的信息傳送給我們。

大多數的網路專家都認同，網際網路是源於七〇年代，當時美國國防部委託在麻省理工學院附近的BB&N公司，研發APARNET第一代網路。以後網際網路就從這裡漸漸的延伸發展出來。不過在這個劃時代的創舉之後，網路卻又從此沉寂了二十多年之久，一直到一九九五年史丹福（Stanford）大學教授出身的傑米・克拉克（Jim Clark），才進一步把美國伊利諾大學所研發的網站瀏覽器，加以商業化，並進而帶動了今天的網站技術，更促成了往後十年的網路革命。

其實，美國國防部當年決定發展網路科技的動機，完全是因爲六〇年代美俄冷戰開始，蘇聯率先發射了第一枚人造衛星之後，美國有感於網路通訊對於太空競賽的重要性，所以委託以麻省理工學院爲主的「劍橋幫」，和以史丹福大學爲主的「加州幫」研發人才，未雨綢繆，爲的是想藉此一舉超前，掌握太空武器競賽的先機。沒想到，「無心插柳柳成蔭」，當年針對美俄冷戰所播的種，因爲蘇聯在八〇年代的瓦解而並無用武之地，反倒是在九〇年代的階段，形成氣候，推動、開啓了一代資訊革命。

這種「楚才晉用」的現象，在過去數十年裡不斷的發生，在我們身邊的實例也不勝枚舉。今天，大家習以爲常的「車輛導向系統」（GPS），廣受開車族的喜愛，其實它也源自美國軍事用人造衛星的定位技術，這種技術在九〇年代被解禁以後，逐漸被工商業界發展成爲商業產品。

網站的內容之所以可以在全世界任何地方，任何時候，可以被任何人用網站瀏覽器閱讀，最主要是拜每一個電腦背後的網路之賜。經過了過去二、三十年，網路發展成一個縱橫交錯的高速電子公路網。另一個比較不爲人知的事，就是上網除了需要靠背後的高速電子公路外，也需要從家裡先上到高速公路交流道的銜接街道，而且爲了避免這一段公路因爲車道狹窄造成上網困難，所以才有所謂的寬頻通訊的技術，藉著現有的電話線或有線電視的輸送線，把家裡或公司裡的電腦以高速度接到網路上。美國國會爲了打破電話公司在寬頻通訊市場的壟斷，並鼓勵下一代高速電信網路的發展，而於一九九六年通過了所謂的「一九九六年電信法案」，促成了網路投資的遽漲，和往後十年的資訊革命。

過去數十年所發生的資訊革命，在人類的經濟發展史上，可謂與十八世紀的工業革命、十九世紀的產業革命，鼎足而三，有非常深遠的影響。所不同的是，資訊革命似乎沒有因最近的網路泡沫而消失。相反地，它對未來的影響，可能遠比我們過去數十年所經歷的還要深遠。我想，百年之後，當人們回顧今天，我們很有可能被定位爲資訊革命的早期拓荒時代，而剛剛發生的網路泡沫，只是這個曲折過程中的一個小插曲。

所以，我們應以慶幸的心態，來迎接未來數十年的資訊革命挑戰，因爲我們有幸「生逢其時」，可以在有生之年，目睹這一個劃時代的演變，並有機會爲人類做出一些永恆的貢獻。

嶄新的資訊網路基礎設備爲人類資訊管理承諾了一個光明的未來

由於近年來媒體對於商務網站與*e*化應用軟體的大幅報導，使許多人誤把資訊革命與網站的發展畫上等號。其實，商務網站就像城市裡的商業中心或室內購物中心，所有的電子交易雖都經由這些網站來執行，但是如果這些網站的背後沒有一個無遠弗屆的網際網路，能順利傳遞網站與消費者之間的交易與信息，使網站內容可以不受距離限制任意傳送的話，那麼這些網站就只像沙漠裡的綠洲一樣，唯有越過沙漠，才能看到綠洲，那麼今天的資訊革命就不可能發生了。

其實網際網路基礎設備的建立，早在九〇年代初期就已經如火如荼的展開來，只是最早期的網路使用者都在美國各大學。在美國科學基金會的主導下，爲了便利大學之間研究資料的交流，建立了世界上第一個**開放式的網際網路系統**，使任何有通信介面的電腦都可以自由免費上網，而不必擔心上網的使用費用與時間。

這種早期訂下來的網路使用規則，爲日後資訊網路使用得以蓬勃發展埋下了伏筆，因爲網路的使用既然不受使用時間長短的限制，當然會鼓勵更多新的網路軟體的發展，而使得網路科技日新月異。相對的，電話網路的發展幾乎比資訊網路早了一百年，然而因爲電話以使用時間，還有長短距離來計算，使得消費者不得不斤斤計較，最後終於導致它的衰退。

一個網際網路就像一條高速公路，當高速公路愈蓋愈多時，高速公路之間的交通交流量就需要協調。就以美國爲例，光在美國國內就有不下十個以上的公共網際網路主幹，互相緊密的結合在一起。而最可貴的是，這些資訊網路主幹之間的交通，幾乎完全是**開放式**的，使得新的網路不斷的加入，從美國一直延伸到世界的各個角落，終於形成今天的 Internet！

那麼如果上網的費用不受使用時間的限制，網路基礎設備服務公司的收入從何而來呢？其實資訊網路與電話網路有一個很重要的區別。電話網路的使用是有即時性的，也就是說，當一個人與另一個人通話時，他們之間的電話網路就被佔用一直到電話掛斷爲止。但是資訊網路卻不必如此運作，每一個網路設備都有能力同時處理許多的資訊指令，而且可以藉著不同的網際網路來分送資訊。當資訊網路交通出現擁擠的狀況時，它又有自動調整交通流量的功能，可以把超載的資訊暫時儲存起來，等到高峰時段過後再繼續輸送，如果高峰時間過長的話，網路還可以與電腦協調，請電腦把因超載而流失的信息重新發送。這種分工輸送的模式，促使資訊傳輸的設備費用減低，資訊網路服務公司也更能把營運的重心放在鼓勵上網人數的成長，而不在使用的時間上做文章。

資訊網際網路的發展在九〇年代初期就已經有相當的規模，只是當時的網路服務公司（Internet Service Provider），多半由像MCI或AT&T等電話公司延伸出來，著重的是以使用時間計價的企業與企業間的網路資訊傳輸服務，而對於最重要的網際網路的消費性加值服務，卻付諸闕如。此外，九〇年代初網際網路剛開始發展的時候，今天大家習以爲常的網站瀏覽器尚不存在，所以利用網路的技術來閱讀網站內容並不是一件簡單的事。

這時候，美國線上公司（AOL, America Online）迅速崛起。AOL的做法與當時的網路服務公司有相當大的區別。它不像其他的公司一樣把大部分的資金注入網路基礎設備內。相反的，它與各大網路服務公司簽約，利用AOL的內容加值服務，使網路服務公司可以繼續收取上網費，而AOL則集中精力在內容加值服務的營收上。由於這種分工與分紅的方式是一種兩相得利的商業行爲，AOL的業務便因此迅速擴展開來，一直到網站的技術在九〇年代的下半期因微軟的介入而改變。

AOL深知自己所擁有的最佳武器就是廣大的上網客戶與傲人的網站加值服務與內容，他們深信資訊革命的最大贏家將是擁有網站內容的公司。這種信念日後促成了AOL與華納影視公司的世紀合併案，遺憾的是，這件合併案因爲寬頻網路設備的應用遲緩，再加上AOL與華納公司之間的人事不能擺平而喪失先機。

談到網路基礎設備，就不能不提到思科公司（Cisco Systems）。思科是在一九八四年由一些史丹福大學畢業的人在舊金山成立。在這同時，在美國東岸的波士頓也成立了一家叫旗艦通訊（Wellfleet）的公司。這兩家公司因爲成立的時候，正逢迷你型電腦開始走下坡，PC與網路通訊開始發展的時候，所以兩者都發展得很快，然後因爲市場重疊，開始了一場長達十年的殊死戰。

當然我們都知道思科是這場戰爭的勝利者，而在過去十年領導思科轉變成網路設備龍頭公司的就是它的首席執行長約翰・錢伯斯（John Chambers）。錢伯斯加入思科，是在他所任職的王安電腦公司開始走下坡以後才有的念頭。當時，他任王安的行銷副總裁，轉戰思科時也任同樣的職位，算是屈就，因爲思科當時只是一個非常小的小公司。

沒料到，思科的成立正好趕上網路基礎設備的世紀性大建設，而這個熱潮幾乎持續高度成長了二十年，一直到二〇〇〇年的網路泡沫爲止。

雖然網際網路市場，因爲過去五年擴張過度而有暫時飽和的跡象，但是網路科技的發展前景仍然看好。網路今後的走向，會加速朝結合電話、數據與即時影像整合的大方向走，而網際網路勢將成爲人類所有資訊傳播的主幹。

網路泡沫

早在美國國會通過一九九六年的電信改革法之前，許多美國的財團和公司，就已經對於這一塊被電話公司壟斷多年，即將分裂的網際網路大餅，虎視眈眈。所以法案甫一通過，新的投資案也就如當年美國西部拓荒時期的淘金潮一樣湧進；泛濫的盲目投資，一直延續到二〇〇二年的春天。當然，投注這麼多資本在所謂的新數據資訊公路，需要有繳費的新寬頻線上服務才有資本回收的機會。正巧那時，由於網站技術的引用，帶來了急需的商務*e*化的無限商機，一切就如雨後春筍般，迅速蔓延開來。這團熱野火，把投資者原先秉持的傳統投資原則燒得精光。從一九九五到二〇〇〇年的五年，是網路淘金期。這一時期的網路投資，今天大多已化爲烏有。許多倖存的公司，也都喪失百分之九十以上的市值。

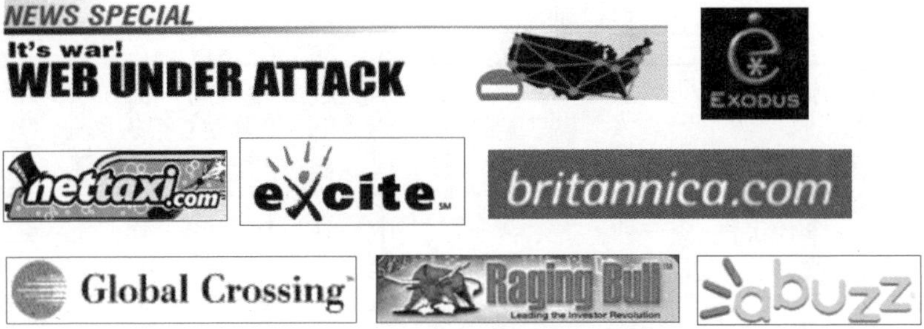

上列圖中的網站公司都是在網路淘金時期，紅極一時的「炸子雞」，但今天都以倒閉破產收場，一切已都煙消雲散。像以網站數據中心爲營業重心的 Exodus 公司，在它最風光的時候，市值曾經高達數百億美元，在全球各大主要城市都有網路設備據點，它的執行長並一度被媒體捧爲年度最佳企業執行長，公司並藉著高股值大肆併購，但在二○○一年卻因擴張過速以及網路泡沫的影響而宣布破產。

那麼，在二○○○年發生的網路泡沫究竟有多嚴重呢？如果以股值縮水的程度來看，這個泡沫使一兆美元從美國的科技股市消失，使代表美國科技股市的那斯達克從二○○○年初的五千點指數高峰，一度狂瀉到一千三百點，平均股票跌幅高達百分之七十。如果以美國的人口來算的話，每一個人要分擔五百美元以上的損失。在這時期內，投在網路基礎設備的總資本，估計達五千億美元以上，而布希總統在二○○二年的減稅案僅值三千五百億美元，相較之下，反而是小巫見大巫。

造成這樣嚴重的泡沫的最主要原因，是大家都誤信了一個神話，以爲網站交易勢將完全e化傳統商業活動。因此，企業界因深恐沒搭上這一節資訊革命列車，而在過去十年，以高於經濟成長五倍的速度，不斷的盲目擴充並更新IT設備，最後終於引發了二〇〇〇年的科技核子風暴。

有趣的是，在「網路經濟」盛行時，一個達康網路公司（DotCom）的市值，往往以它能吸引的付錢上網人數的多寡來定，而不是傳統的營收、股值與盈餘對比等企業財務報表準則。有些人就把這種以上網人數爲基準的計算方法戲稱爲「眼球經濟」。

網路經濟之所以造成泛濫性的投資，與當時一般人對於網路經濟終將取代傳統經濟的神話有關。一時之間，傳統工業股值大跌，傳統企業不顧自己傳統行銷的改善，反而盲目的加入這場新產業戰。相對地，任何公司只要與網路經濟扯上邊，它的股值就扶搖直上，而這類公司的龍頭就是網路設備大廠的思科與網站先驅雅虎（Yahoo!）。雅虎網站在泡沫的最高峰時，它的市值比當時美國航空業最大的美國航空公司還値錢。難怪那幾年，美國最好的商學院畢業生都捨去華爾街的高薪不就，寧可去達康公司淘金。

思科的市值在最高峰時，一度逼近美國傳統工業的百年老店通用電氣（General

Electric）。藉著高市值帶來的空頭股市資金，又引起網路公司之間一陣子無節制的併購風潮。譬如說，我在一九九七年所創立的箭點通訊公司於二〇〇〇年五月，網路泡沫時期的末期，以五十七億美元賣給思科的併購案，這個價錢以二〇〇三年股市市值來看，可以買下像美商郎迅（Lucent）或加拿大的北方電信（Nortel）等思科最主要的對手，還綽綽有餘。郎迅與北方電信分別是美國與加拿大的百年科技老店，象徵這兩個國家數十年來的科技領導地位，各曾有員工數十萬人，無論如何，都應該比一個只有三年歷史與三百多名員工的箭點有價值才對。但是，因爲當時思科的市值高漲，使得這個今天看來像天文數字的併購案，在當年可以過關。

網站行銷和傳統行銷是互補相容，而非互相取代

網路革命在消費市場造成的衝擊固然不容置疑，但是人們相信它將會改變整個經濟生態的神話才是眞正造成泡沫的原因。美國在網路泡沫之前的高峰時期，曾經有五千家以上的達康公司。當然絕大多數的這類公司都已消聲匿跡，變成稀有動物。我們從這次的教訓，學到傳統經濟的生產力與公司的基本營運原則，並沒有因網路的崛起而可以拋棄不顧。唯一轉變的是，市場的行銷方式在遭到劇烈的變革之後，從傳統的固定行銷網

虛化，轉變成一個無遠弗屆的行銷體系。

歷史對於美國一九九六年電信改革法成敗的評價，可能毀譽參半。近十年來，改革法確實爲網路改革帶來永久性的影響，有其開創之功。然而它提升競爭，造福全民的立法原意，卻在網路泡沫的巨流中，喪失殆盡。網路泡沫其實都源於人性貪婪，寧願相信新的網路經濟不受舊經濟理論約束的神話，因而造成投資的泛濫。其實，我們現在反省它的經歷與成敗，會發現有許多令人深思，值得檢討之處。網路行銷的運用得當與否，就是一個例子。

網站行銷有利可圖，但非人人能爲

網路經濟塑造了它早期所秉持的「市場佔有率優先，營利爲後」的市場搶佔準則。由於網站品牌的建立，和它帶來的廣大的網站用戶群，使後來跟進的競爭者，不論其網站優劣，都難與抗衡。加上像雅虎等上市的網站公司，藉著它的高市值股票，大肆搜購其他相關網站技術和內容，使得它的領先地位，愈加鞏固。另一個非常重要的考量是，如果打的是品牌戰，因爲每一個市場能容納的品牌數量，極爲有限，也因此，市場打造品牌的先機，成爲致勝的關鍵。也就是說，這種非傳統的市場搶灘策略，在網路資訊革命的初期，確實有它存在的理由，但不是一個可以廣爲應用的原則。

許多線上購物網站，都誤以爲他們只要把網站內容強化，就可以此打敗傳統的零售行銷網。但是市場眞正需要的，是一個結合傳統行銷和線上購物的新商機。其中最有名的傳統 vs. 線上購物的戰爭，就在亞馬遜（Amazon.com）、eToy 和 Toy R Us 之間展開來了。eToy 走的是純網站的策略，因此背後並沒有傳統的零售行銷網。雖然它的網站內容極強，卻並沒有把 Toy R Us 擊倒；加上行銷網效率不高，獲利始終無法和開銷平衡。相反的，Toy R Us 因爲是一個傳統的零售行銷網，對於網站技術的應用，在花了許多研發的經費後，還是沒有預期的成效，最後 Toy R Us 便決定與亞馬遜結盟，兩相互補。這一策略，終於把所有的線上玩具網站一網打盡。

網站技術和傳統行銷，是互補相容的，而非互相取代。因此，企業應該追求的是，如何善用網站技術，來取得競爭的優勢、市場的先機，或營運效率的改善。同時，網站公司應該追求的是，如何善用網站技術，與互補的傳統行銷網，和網路服務公司結合相輔相成，形成世界級的超級線上行銷品牌。亞馬遜、美國線上服務、微軟網路（MSN）、eBay、e-Trade、Google 等網站公司，都是這種策略的佼佼者。這些公司，不僅品牌響亮，營收正常，更享有極高的市值，證明網站的營運模式是可行的。Google 在網路泡沫之後崛起，更證明網路市場的前途光明是不容置疑的。

其實，下一代的網站已經從線上直接行銷一些像玩具或書籍等特殊的商品，變成一個泛化的商品行銷平台。亞馬遜賣的不再只是書籍，而銷售的商品包羅萬象，從照相機到音樂CD、玩具與卡片，樣樣俱全。除此，亞馬遜有感於它的線上購物系統與品牌價值，可以爲許多傳統商品和行銷管道提供一個線上作業平台，又可藉此抽取佣金的雙贏局面，漸漸地把公司的長遠目標鎖定在變成任何商品的線上網站。亞馬遜的最終目的在於成爲你與任何消費商品之間的仲介！

更進一步的看，網站的遠景並不止於線上交易而已。事實上，網站會像今天的電話手機或信用卡一樣，在不久的將來，世界上每一個人都會有一個個人網址，藉著聯網的威力，可以隨時與人講「網話」（而不是電話！），交換資料，並買賣商品。網站的操作平台也不再限於電腦上的網站瀏覽器，而會變成大部分通訊產品的標準通訊介面。

3
即時時代的來臨

（奧地利Zermatt Alps山脈）

如果企業執行長可以即時掌握世界各部門的營運…

如果心裏想到的，就可以馬上做到…

如果即時的預警可以避免災禍…

如果行銷的信息可以與製造即時連線…

資訊科技面臨世代交替的瓶頸

科技市場已經連續衰退了好幾年。因爲前十年的生產過剩和投資重疊的情形十分嚴重，美國的國際數據公司（International Data Corporation）的二〇〇三年市場走向報告，預測全球科技總市場，只有二·三%的溫和成長。

除此之外，科技市場的內部，也正在進行一些市場的重新分配。美國企業受到過去過分投資的教訓後，都執意把他們大部分的IT預算，保留給能提昇生產力的科技。由這些企業走向，可以相當清楚的看到，從創投的角度來說，應該注重哪一類產品的開發。

國際數據公司估計，二〇〇三年的IT市場總值，大約爲七千八百億美元。其中，除了電信網路方面仍然庫存高而疲軟之外，其他大項目科技，如伺服器、儲存設備和應用軟體，均有需求轉強的跡象。最重要的趨勢，可能就是傳統的設備支出 vs. 加值服務市場的比重消長。傳統的設備支出額，由於產品的大量化所引起的價格下降，廠商爲了維持毛利，必須往上游的加值服務走。

近年的資訊工業衰退，最主要是因爲過去十年的過度成長

但是，加值服務的路，不是每一個公司都可以走的。從科技的角度來看，第二代網路科技的掌握，應該是廠商和企業致勝的關鍵。

在大家對於網路泡沫記憶猶新的時候，難免有些人持悲觀的論調，媒體評論也常常討論在往後的「後資訊時代」，要如何適應一個成長趨緩的新科技時代。其實，最近幾年的市場衰退，最大的原因在於過去數十年的過分擴張。資訊工業在過去四十年，以平均每年高於百分之十的速度成長，而近十年的成長更變本加厲，每年成長超過百分之二十。而在這同時，工業國家的年經濟成長率遠低於百分之五。這種長期性的以高於經濟成長的速度擴張，必然會經過暫時的需求下滑的修正。在這個關鍵時期，如果誤把修正的現象解讀爲後資訊時代的來臨，就可能對全球經濟的成長因矯枉過正而造成巨大的傷害。

資訊科技正值青年，發展潛力仍大

在人類的經濟發展史裡，每當社會在經過一個革命性的變革之初，總是經過一段盲目投資的浪潮。美國的鐵路業與汽車業在發展初期，都曾經歷過一段百家爭鳴的戰國時

期，然後在自然淘汰的規律下，逐漸的合併到今天的幾個大型產業公司。最近的資訊革命也不例外。一個革命性變革就像一個人的自然成長一樣，從出生的令人憐愛，到少年的衝動莽撞，以至成年後的穩重與貢獻，到老年的逐漸式微。今天的資訊科技只是一個啼聲初試的青少年，莽撞難免，但離成熟的壯年仍有一段距離。

資訊革命從五〇年代ＩＢＭ發展出世界上第一部電腦到今天，已經變成我們日常生活中不可或缺的一部分了。由於在過去二十年來，持續地以高於全球經濟平均成長率五倍的速度擴張，今天的資訊工業已不是當年的吳下阿蒙，而是往後生產力繼續提升不可或缺的一環。

過去十年的資訊科技發展，已爲下一波資訊突破奠下良好的根基

資訊科技在經過數十年的發展後，最主要的基礎設備已經大致就緒，該有的都有了。今天的資訊工業可以說是一個密佈全球的網站交通網，硬體的設備在經過過去數十年的發展後已經相當成熟，而且會隨日後科技的自然進展速度改良變快，以應付日益增加的網路交通流量。但是目前資訊網路對絕大多數的人而言，還只是一個辦公室作業電子化的工具或是家裡休閒上網時偶爾使用的家電設備。

事實上，九〇年代的網路革命雖然以泡沫收場，但是它巨大的正面影響卻是不容否定的。在這個時代裡，我們看到因爲網站的應用而造成我們與資訊距離的縮短，我們聽網路上的數據音樂，用網路電話改變了我們通話的方式，我們開始閱讀*e*化的書籍資料，我們用線上購物的方式買書、定飛機票與音樂會的入場卷，用手機照相機傳送數據照片，用網站連線籌備開會。

其實，我們所看到的正是一個嶄新「**即時時代**」的前奏。在這個新時代裏，我們生活中看似瑣碎卻又相連的信息，被自動的緊密結合起來，就像人腦與身體各器官的配合，藉著網狀的神經系統，不斷的即時傳遞信息並自動採取必要的行動。

我們離科幻電影裡想像中的高度資訊已然不遠。當你開車趕一個很重要的約會卻遇到預想不到的車禍時，你會不會覺得如果這種塞車的預警可以即時的傳送到車裡的GPS系統上，使車子改變行車方向，並自動發出電子信件給正在等候的人的手機與電腦，告訴他們你的到達時間可能延誤，那你不知可以省出多少時間來做更多有意義的事？

當一個汽車經銷商接到客戶臨時要求改變訂購的汽車顏色時，你是否夢想如果你的指令可以即時改變生產線上的製造指令，那不知道可以節省多少浪費的時間與經費呢！如果每一輛車子的製造都可以隨市場需求而即時更改，那這種即時製造的科技，絕對可能促成下一次的產業革命！

你曾否夢想過有一天，你可以有一個完全為你量身訂做的電視節目，音樂可以按你的喜好與安排，每天按時的隨你的行程與需要，不論你在何方，即時的傳送給你？

你是否希望你的手機萬能，可以拍照，收發信件，甚至錄音錄影，並可以充當有影像的對講機，而必要時也可以變成一個袖珍電腦直接與公司的PC連線？

上述這些景象是否讓你覺得遙不可期？其實這不是天方夜譚。美國聯邦通訊委員會（FCC）在二〇〇三年底決定為發展精靈公路（Smart Highway）保留特定電訊波段，以自動向汽車駕駛人傳送訊號，以減少美國每年所發生的六百萬次車禍。從技術的角度來看，我們已有具備發展上述產品與服務的基本能力，尚待開發的只是生產成本、系統整合與市場推展的問題，而欲達成這個願景，需要推展今天網路基礎設備上尚未開發完整的即時連線軟體，如此便能夠任意地把不同的資訊內容，在這個連線網路上傳送。這就是下一階段的資訊革命！

當「即時時代」的科技被用在傳統的設計、製造以及供應鏈（Supply Chains）上時，靠著超袖珍型的無線電ID（RFID）晶片不斷的提供即時供應物品的供求信息、寬頻無線網路的駁接與網站即時軟體的報導，就變成了下一代的「即時供應鏈」系統。美國通用汽車公司的CIO洛夫‧施貞達（Ralph Szygenda）估計，用「即時供應鏈」系統可以把一輛雪佛蘭（Chevy）轎車的設計與製造過程，從現在的五年週期縮短到兩年。在今天這種時間就是金錢的時代，這個差別不可謂不大。

科技經濟體有自我修正，然後再出發的能力

雖然網路泡沫讓許多投資者血本無歸，但是網路技術的應用，不但沒有衰退，反而已深植人心，並從此永遠地改變了許多企業的作業方式，深入一個工業國家的經濟體系裡。網路泡沫造成資訊工業從十年來以高於GDP五倍的成長速度，忽然一下子從天上摔下來，甚至被認爲資訊業已經成熟，從此只能隨著經濟體的大環境走。

持這種悲觀論調的學者與科技界重量級人物不乏其人。但是，這些人如此認爲，最主要是因爲他們沒有眞正了解，科技本身是一個一直在蛻變的變體，每當一個時代的科技推手成長到一個階段，爲了成長，使得原先的科技變成標準化以便於大量製造，如此一來，科技被商品化後，價格不斷的降低，使得市場的營收成長變得遲緩。有幸的是，再新的科技，也會因下一波突破性的變革而被淘汰，造成科技的自然世代交替，生生不息。

這種現象每隔幾年，就會在各種不同的工業裡產生一些重大的變革。像美國最著名的波音飛機公司，並不是初期飛機工業的領先者。但是波音卻是第一個採用噴射引擎的飛機公司，並藉此展開了一個新的飛機製造時代。就在這個時代，面臨成長緩慢此一瓶頸的關鍵時候，超輕的奈米材料（Nano Material）卻有可能使人類發展出一種非常低能源消耗的飛行工具，並再度爲飛航工業注入轉型的巨大商機。

奈米材料科技與即時時代的來臨有直接的關係。由於奈米材料的高導電、低電能與超小體積的特性，許多新的「即時資訊偵測半導體」（Monitoring IC）會在往後十年迅速的被應用到資訊工業的每一個角落，進而使這些產品產生一些革命性的變革，帶動下一世代的科技發展。這些智慧型半導體隱藏在各種產品裡，將可以不斷地與外在的即時世界聯絡，透過未來的無線網路系統不停的執行收到的指令。

科技市場，講的是市場先機。所以，第二代網路市場，雖然仍小，卻已引發各大國際大廠的卡位戰。另一個非常特殊的情況就是，許多破產公司，以及閒置的網路交換器、伺服器等科技產品，不是被賤賣，就是破產公司重組後，拋開舊債，以一個全新的無債務公司，提供最新的廉價服務。這種藉破產翻身的作法，也是美國經濟環境的一個特殊現象。從國家經濟體的眼光，這種物盡其用，對整個經濟的提升有顯著的正面效果，即使原投資者依然是血本無歸。

依我的看法，高科技的資訊工業在經過了二〇〇〇年之前的十年盛世以後，正面臨轉型的瓶頸和挑戰，也就是說，除非能夠一鼓作氣根除瓶頸的因素，否則光靠一般股市的拉抬，是不足以使它恢復昔日的光輝。而若要眞正了解全球性的科技市場走向，就一定先要對它的來龍去脈有全盤的，更深入的了解才行。

其實，高科技資訊工業幾乎每隔十年就面臨一個重大的轉型，而每一次的轉型，也都因爲對生產力的提升造成關鍵性的影響，從而帶動了新的一波全球性的經濟成長與科技榮景。而且在科技轉型的數年之中，也往往無法避免的會產生一種轉型期的經濟停滯，甚至衰退。

譬如說，ＰＣ工業在八〇年代，持續了十年快速的成長，後來到了九〇年代，成長就開始逐漸趨緩，最後終於被網路導向的新生產原動力取代。至於經由網路所產生的資訊革命，在經過九〇年代的高度成長以後，也漸趨飽和。即使全球的ＩＴ預算已經

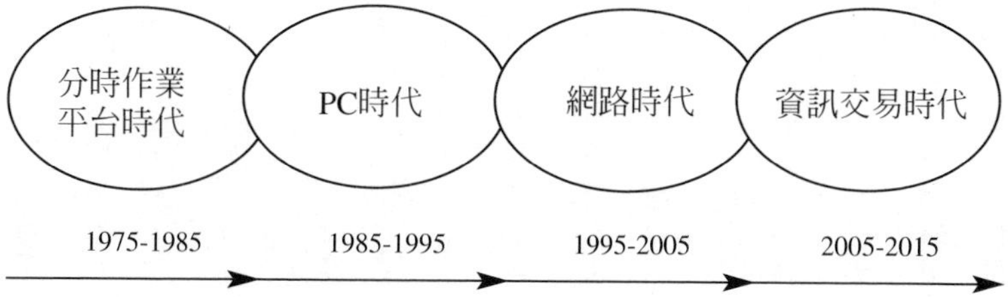

連續數年下滑，一般人對它往後數年成長的看法，仍然是相當悲觀。二〇〇三年的全球ＩＴ產品的開銷成長預計只有百分之二點六的成長，而美國最大的投資銀行摩根史坦利（Morgan Stanley）在當年七月份的ＩＴ調查報告中也指出，二〇〇三年下半年的企業ＩＴ需求，依然有趨緩的現象。因此，無法否認的，景氣復甦的時間表將一延再延，一直延展到二〇〇四年。

其實最令人憂心的一點是，除非科技轉型成功，否則接踵而來的危機，就是資訊科技業被歸納爲成熟工業。也就是說，資訊工業的成長，經過過去二、三十年來的發展，已經在整個經濟體，從零成長轉變成爲一個高度工業化經濟體的百分之五，而且逐漸飽和。所以除非它能影響其他百分之九十五的傳統工商業轉型，並和高科技經濟體系相銜接，從中找到新生機，否則網路革命可能就淪爲「末代科技」，資訊工業高成長的神話也就從此消失，只能尾隨經濟的大環境而已。

資訊科技正從網路時代邁入資訊交易時代

令人可惜的是，企業在數十年的電腦化與網路化的努力後，它的ＩＴ部門依然只專注於如何使傳統的作業方式電腦化，而不在於如何重新整合傳統的作業方式，以求生產力的加速提升。換句話說，今天的科技市場之所以飽和，是因爲科技產品只是被用來電子化現有的產業作業方式。因此當電子化普及到了一個階段以後，市場的總產值就停滯不前了。

那麼如何能打破這種資訊工業只能僅僅影響經濟體百分之五的瓶頸呢？其中玄機不少。舉個例說，美國的流行音樂市場已經遲滯不振有數年之久。造成這種現象的原因，一方面是因爲沒有像CD的新傳播載體促成的成長，另一方面是因爲盜版的問題十分嚴重，使得業者寧可禁止 Napster 網站的下載而喪失盈收，也不願看到盜版的問題繼續惡化。有感於此，蘋果電腦創辦人史地夫・賈布斯（Steve Jobs）率先想出一個兩全其美的方法。他利用蘋果電腦的MP3下載器，加強了下載內容的防盜技術，然後利用他的個人影響力說服了各大媒體廠商共同建立一個泛品牌的下載網站，讓每一個使用者任意以選歌下載爲單位的付費方式，長期擁有下載的歌並可合法轉載。這種新的商業模式徹底的改變了媒體的行銷方式，使得營收和盈利大幅提升，在這個網站服務上線後的前十天就賣出了一百萬首歌！

另外一件非常有趣的事是，這種網站服務的新商機，有進一步帶動蘋果電腦MP3下載器行銷的功用。每一個下載器的價錢雖然只有一台蘋果電腦的十分之一，卻能帶進相同的利潤。在這PC微利時代，蘋果電腦成功地利用一個新的網站服務來提升它的硬體平均毛利，是一個台灣業者非常值得借鏡的地方。

資訊科技的下一波變革，已經從PC的硬體相容與九〇年代的網路相容，進一步開展到如何促使產業的作業程序相容(e-Commerce Transaction Interoperability)與資訊內容相容(Content Interoperability)的層次了。換句話說，企業與企業之間的資訊系統相容性一旦解決了以後，將會造成生產與商業模式強烈的激盪，與生產力的大幅提升，進而帶動新的下一波資訊發展。

「即時時代」的定義

「即時時代」的定義是什麼呢？它的願景是每一個人，可以在任何時間與地點，用任何傳播方式，與任何人即時連線，交換信息或進行交易。在這個時代裡，傳播工具與內容的相容性高，而不同的資訊可以隨著傳播工具的功能而自動調整。近年來無線通訊與寬頻網路的發展，促成智慧型手機與PDA得以即時取得的信息，愈來愈多，日新月異。

譬如說，一個在大陸的簡體字企劃案送回台灣時，可以依收件人的選擇，即時轉換成繁體字。審核時的注加意見可以以說話的方式，直接注入原稿，並轉換成英文，以即時連線方式，送到正在美國機場的行銷部門主管的手機上。然後，一個即時連線會議及時展開，把在台灣、大陸與美國的與會人士同時連接起來。

從科技的角度來看，「即時時代」的科技企業，首先要把科技的重心，由許多各個相關的不同產品，轉型提昇到線型的系統化科技層面，由線連接成一個面的系統產品，這樣進而可以用科技來*e*化國家經濟，也就是以整個經濟體爲訴求的對象。這樣的轉型，對跨國性的科技服務公司尤其有利。新的現象可能包括加速製造代工在大中國區的集中，同時以量和生產成本取勝，甚至一躍成爲世界級的製造工廠。

這也顯示，科技業有朝向服務與製造代工的兩個極端發展的趨勢。跨國科技大廠在短期成長趨緩的今後數年，爲了生存，只有往服務加值高的系統顧問服務的方面走。同時，現有的市場因爲整合兼併，而使製造代工變成了使盈餘加強的另一法寶。相對地，製造代工大廠爲了避免受科技大廠的牽制，會積極分散代工產品的來源與種類。就像鴻海積極介入手機的代工，即是這一種策略的應用。此外，代工業從製造代工逐漸升格到設計代工也將是必然的趨勢。

資訊科技與傳統服務業和產業有密切結合的趨勢

服務加值的策略是資訊工業的下一個金礦。而要掌握服務加值，唯有朝控制市場行銷的方向走。舉個例說，美國的全民健康保險每年花掉國庫百分之十五的國家預算，而且絕大部分都用在銀髮族最後數年的醫藥費用上。這些人因爲已經退休，對國家的生產力的提昇沒有太多幫助，但是對經濟體是一個沉重的負擔，也是美國國家預算不能平衡的主因之一。如果細看美國健保的作業收支情形，就可以很清楚的看出來，每年大部分的開銷成長多半是因爲醫療資料的殘缺不齊與醫護人員的作業高度人工化所造成。醫院與醫院之間，醫生與醫生之間，幾乎沒有辦法有效的傳遞診斷的資料，這是導致健保的開銷直線上揚的主因。如果*e*化健康醫療系統可以爲國庫省下一半的開銷，光是省下來的錢可能就足以使資訊科技榮景延長一個世代！

生物科技的長遠發展，也會對藥劑科學與人造器官的未來應用帶來一些不可思議的變革。也許有一天，人類的智慧可以世代累積，不需重複學習。也許人體的大部分器官可以改良或任意替換。

譬如說，奈米技術的低能量、小體積的特性可以用來發展移植到人體內重要器官功能的偵測器，在身體開始傳出警訊時就即時通知醫護人員。如果每一個人都能佩帶一個能夠攜帶個人醫療歷史的小智慧卡，能夠在發生意外的時候讓醫療人員即時獲得你的健康歷史，那不知道可以挽救多少性命，甚至避免許多無謂的誤診了！

當今的資訊工業，如果以產品類別來區分的話，大致可以分爲硬體、應用軟體、網路設備與儲存器等四類，而硬體代表的是以PC和伺服器爲主的傳統科技產品。這些產品經過數十年的開拓後，不同廠商的同類產品區別越來越小，使得產品價格逐年下降，其中硬體業的總產值在今後數年最有可能大幅縮水。造成這種情況的最大原因是：第一，PC市場的淘汰周期，已經從以前的每二．五年淘汰換新，到現在的每四年一輪。第二，伺服器雖然逐年增加，但因爲受英特爾主機伺服器的影響，硬體的價格迅速滑落，因而使得年度營收難以成長，並造成各廠商競相加入系統服務的行列。

至於其他三種產品類別，市場的日子也不好過，所以都競相在短期內以企業併購的方式成長。甲骨文強行收購人民軟體的舉動就是一個例子。

半導體產業沒有被列入上述產品分類的原因，在於它屬於產品下游的零件市場，市場的需求幾乎完全受制於上游的產品。今天的半導體市場固然極爲龐大，但是它的絕大部分產值來自個人電腦與伺服器硬體的市場需求。所以當上游的個人電腦市場轉趨成熟時，半導體的成長也會跟著轉緩。

這並不表示半導體產業沒有自行發展的空間，只是它的重點會集中在如何改良功能、縮小體積、減少用電等方面。所以英特爾為了維持公司的高成長，已經有計畫的把無線通訊半導體、多媒體半導體與系統半導體等策略性市場列為公司發展的重點。

總之，今後的科技走向，會漸漸的與其他的傳統產業更密切的結合起來，而不像今天那樣特立獨行。而若要達成這個願景，就亟需先建立一個「即時性企業」(Real Time Enterprise) 的內容傳輸網。在這個即將來臨的新世界裡，行銷的最新資料直接地與庫存和代工廠商的生產線連接，客戶的需求每天即時地呈現在執行長的電腦顯示器上，而全球運作的指令可以從執行長的電腦，

產品類別	廠商	策略
伺服器與PC硬體	惠普、IBM、昇陽、戴爾	惠普與IBM→系統顧問服務 戴爾→拓展PC外產品直接行銷 昇陽→系統顧問服務、儲存器
應用軟體與資料庫軟體	甲骨文、SAP	網路內容資料庫 順應式軟體市場
網際網路	思科、郎訊、北方電信	儲存網路、無線網路、網路安全
儲存器	EMC、IBM、日立	儲存軟體與服務

安全而且自動分門別類的傳送給所有相關的員工與企業夥伴，這就是所謂的「資訊交易時代」，而這個時代的技術推手，就是「網路軟體和應用介面的標準化」。由於虛擬應用軟體和XML（eXtensive Markup Language）的可塑性極高，影響力勢將極為深遠廣大，可以普遍的用來帶動人與人、人與公司、公司與公司之間的即時連線。

4

台灣科技產業
有做「升級夢」的權利

（希臘Santorini島）

"The key to happiness is having dreams...
The key to success is making dreams come true."

「幸福之鑰在於有夢…

成功之鑰在於使夢成真。」

代工產業西進，使台灣經濟復甦雪上加霜

台灣現有的產業，因爲追求大陸的製造優勢與市場，西進的趨勢銳不可擋。社會裡充滿著產業被挖空的焦慮。其實阻止西進是下策，致力開發可以自己控制行銷市場的新產業，才是唯一可行之道。

因爲，產業西進是企業追求降低成本的自然過程，與當年台灣變成外商的製造工廠無異。台灣在過去四十年，從紡織、製鞋，到家電產品與個人電腦的代工，可以淸楚的看出來，產業的轉型是必然的趨勢，那是一股不進則退的洪流，唯一的生存之道是順流而下，集中精力尋找產業升級轉型的方向。以美國爲例，絕大多數的國際跨國大廠爲美國的企業，但是數十年來的製造產業大量外移，不但沒有影響到美國本土的就業情況，而且經濟仍然持續成長，持續穩居世界經濟龍頭的地位，最主要的原因在於美國不斷地藉領先科技的發展來提升產業的層次與國家總生產力。

台灣科技業向來以製造代工爲主流，雖然這種模式有一定的局限性，但是多年來它已經成爲台灣資訊經濟最重要的一環。此外，任何一個新產業的成長及擴充，都需要借重台灣的製造優勢，所以維持代工產業的優勢，應該是產業升級的第一步。

從代工的角度來看，台灣的代工策略可以從戴爾、惠普與手機大廠 Nokia 的產品行銷策略走向看出一些端倪。戴爾最近悄悄地把自己的名字從「戴爾電腦」改成「戴爾」，就是要開拓廣化它的行銷產品行列的前奏。戴爾的新產品方向以印表機、儲存器、伺服器和小型網路交換機爲主。代工業的短期策略應以分散產品的種類與控制行銷大廠爲原則，它的長期策略應以研發來取得設計代工的能力，並藉此獲得製造代工的優勢。

台灣應致力尋找可以完全控制行銷市場的新科技產業

大中華地區對於新科技轉變成一個量產商品的時機，有很好的掌握。同時，台灣往往在一些舊的代工產品進入微利時代後，也能夠成功地轉戰到另一個科技領域。最近台灣在 TFL-LCD 平板顯示器市場方面的斬獲，就是一個很好的例子。但是這種以提升代工層次來帶動產業轉型的做法，在製造產業已經外移的情況下，對於台灣本土的產業已不再有同樣的影響了。因此，從策略的角度來看，台灣只有朝非製造代工的方向走。

綜觀目前全球幾個新興的國家，可以發現，他們都鎖定一些策略性的市場，全盤掌握這些市場的上下游產品發展與製造，並強調行銷權的控制。以韓國爲例，韓國對於第三代無線網路、寬頻網路、電腦遊戲（Online Gaming）與手機工業的發展，從政府的投資鼓勵，到上下游工業的協調，以至鼓勵消費與線上教育等措施，連美國都望塵莫及。另外，遠在北歐的小國芬蘭，人口只有五百萬，卻發展出領先全世界的無線手機通訊系統，並在市場佔有率方面領先。韓國與芬蘭可以做得到的，台灣也可以！

可喜的是，台灣的產業在經過數十年的代工經驗之後，已發展出一套世界級的量產製造產業。更可喜的是，在下游科技與消費產品的開發上，台灣也已經具備相當的水平。目前台灣在電腦、周邊、寬頻網路及ＩＣ設計等產品的開發，已有長足的進步。但是這些「點」的產品，多半走的是低價位的市場，由於無法與跨國系統大廠的產品相銜接，所以只能在次級的市場裡「單打獨鬥」。

當然大中華地區的產業形態與歐美先進國家不同，所以適合他們歐美的策略不一定適合我們。大中華地區的科技轉型，終究需要控制適合自己產業形態的產品行銷，而短期的策略，應先從製造代工走向設計代工，進而追求品牌的市場價值。另一個非常關鍵性的問題，是如何把兩岸的下游科技產品，有系統地發展出一些結合個人電腦、家電產業與通訊科技等的新產業。

新興次市場反而變成台灣資訊產品的溫床

就拿個人電腦來說，全世界只有十二％的人口擁有個人電腦，而在已擁有電腦的人口中，又只有十三％有上網的通訊設備。換句話說，下一個亟待開發的廣大資訊市場，應該是正在發展中的國家與區域，而非傳統的歐美地區。更重要的是，這些地區因爲生活水平低，需要的其實正是台灣的高品質低價格的資訊產品。這就是爲什麼英特爾估計它在亞洲的營收，在未來數年還會繼續高幅度成長的原因。

在過去數年，世界各國的電信公司爲了爭奪下一代無線電話市場，投注下數百億美元購買３Ｇ無線頻率執照，使得許多網路設備公司盲目追隨，把研發的經費都花在３Ｇ網路設備與最先進的市場上。但是，沒有人注意到，大陸的廣大手機消費人口是否有能力或有必要購買新的３Ｇ高速傳輸的功能。由華裔企業家所創辦的美商UT Starcom發現，如果把傳輸的速度限制在64 KPS以下的低速度，就可以以一半的費用來發展一種新的都市型無線網路系統，而且可以直接與現有的有線電話系統連線相容。於是這種產品就如雨後春筍般地先在中國大陸發展出來，並迅速的往亞洲其他開發中國家擴散。UT Starcom因爲發掘了這個新商機，而在過去三年內迅速成長，成爲一個超過十億美元年營收的公司，並於二〇〇三年六月被美國商業週刊選爲全美一百個發展最快的小公司之一。

台灣有從PC轉戰到伺服器市場的潛力

PC市場在經過數十年的發展後已面臨轉型。今天我們習以爲常的PC主機，與周邊設備緊密連接，而這個組合即將面臨瓦解。未來的趨勢，很明顯的將會使像儲存器、多媒體設備與電腦顯示器（CRT）等周邊產品從PC產業中獨立出來，變成可以和網路與數據家庭產業相容銜接的新興產業，而今天電腦設備所用既粗重又密密麻麻的電纜亦將消失，而被無形的無線區域網路所取代。

此外，台灣以PC主機代工的產業也必須轉型，加速朝下一代開放式伺服器市場的方向走。換句話說，PC產業在微利、市場飽和與產業面臨重新組合的多重壓力下，勢必重整，也唯有朝上游的伺服器市場與新興的網路周邊市場轉進，才有化危機爲轉機的可能。

台灣的主機板工業雖然有豐富的製造經驗，但是多年來都完全仰賴微軟的視窗操作軟體，幾乎沒有一點系統軟體研發的能力。幸好，中高檔伺服器市場的轉型剛在兩三年前展開，市場的先機仍在，並以英特爾的微處理機與開放式的 LINUX 操作系統爲主幹，與微軟、昇陽和惠普等大廠的封閉式操作系統相抗衡。

台灣需要結合既有的政府與企業研發力量，發展出一套所有伺服器業者均可以共享的 LINUX 伺服器操作系統，與伺服器資源管理與虛擬化（Resource Virtualization）的軟體，以便整合所有硬體業者，全力發展以開放式、高性能、低價格等爲競爭原則的伺服器市場。

台灣應著重高科技資訊與傳統電子產業的整合

在PC的新架構之下，TFL-LCD 液晶平板顯示技術、液晶電視與電腦遊戲顯示技術的結合將是不可避免的，而且這種組合，很有可能會進一步帶動下游的家電相關產業，進而觸發下一場電子產品革命。

從台海兩岸在世界科技之中所扮演的角色來看，我覺得台灣應該把它傳統的家電和下游電子電腦週邊產品工業的優勢，與新興的區域無線網路（WiFi）或藍芽（Bluetooth）科技結合起來，用以帶動下一世代與智慧型家庭屋有關的各類視聽、保全、家電網路遙控、家庭和社區 WiFi 無線網路等產品的發展。這個願景利用台灣現有的製造優勢，與新興電腦網路技術結合起來，極有可能造成全國科技產業的升級。

從技術的眼光來說，大中華地區的資訊產業已經有發展這個願景的基本技術。台灣的IC設計，足以發展下一代結合家電與無線通訊整合的系統IC。藉著工研院與半導體創投的技術轉移，以及台灣在TFL-LCD、CD與傳統的電腦顯示器（CRT）等市場的領先地位，台灣有足夠的條件與能力帶動下一世代智慧型無線顯示器與多媒體儲存器的發展。此外，台灣科技的發展，應善用在台灣與美國華裔圈內的創投資金，尋找可用技術的購買。唯有如此，才能打破本身研發格局較小的限制，而善加利用自身擁有的資金，鎖定策略性的市場，發動全面性的攻擊。

智慧性電腦週邊設備的發展也會因儲存網路遊戲（Internet Gaming）、網路音樂與電影，以及多媒體內容的大量增加而產生變革。高儲存容量的個人網路圖書館有能力取代今天的CD與VCD／DVD，並可與寬頻網路二十四小時即時連線。

研發性大學與政府資助的研究計畫變成下一波「跨技術領域」產品的實驗天堂

從二〇〇〇年網路泡沫發生至今，大部分的跨國資訊公司因盈收劇減而被迫大幅削減研發，這種舉動雖然在短期內有改善公司財務報表的好處，卻有可能在未來數年間造成公司產品的開發出現青黃不接的情況。所以下一波的突破性科技發展，極可能會來自世界一流的研發性大學，或者是少數逆流而上的新興小公司。

台灣產業的成功轉型，與研發性大學的發展是否能與工業界的智慧產權充分交流息息相關。這個關鍵在未來數十年將益形重要。而工研院的技術轉移，尤其是奈米材料與生物科技方面的發展，也同樣會有舉足輕重的影響。造成這種傾向最主要的原因，是下一世代的科技走向將往「跨產品」、「跨技術領域」的方向前進，它所包含的領域之廣泛，往往不是台灣一般企業所可以獨立研發的。這時候，政府是否能及時扮演催生與協調的角色，就至關重要了。

以美國在世界科技的主導地位，其重點的研發學府極少，而其中麻省理工學院和史丹福大學則又各在美國兩岸獨領風騷。至於台灣，除了工研院外，台灣應該鼓勵加強重點研發性大學，使他們有能力發展下一代的，結合傳統科技與資訊科技的新學系。譬如說，下一世代的生命基因科學與生物科技亟需倚賴對生物科學與資訊科學同時有深切了解的專業研究人員，而奈米科技的發展，不在於基礎研究的發展，而在於如何把它活用到各個種類的傳統產業領域裡。

台灣的系統矽導(System on Chip)計畫應有支持新台灣資訊產業的願景

在半導體代工與設計方面，台灣於民國六十五年推動的半導體計畫與新竹科學園區，歷經二十餘年，造就園區十萬個工作機會與一兆元的產值，而台積電與聯電在整體ＩＣ產業的轉型過程中，扮演了一個極具關鍵性的角色。行政院於民國九十一年底開始推動的國家矽導計畫，對於把台灣打造成為全球半導體ＩＣ設計與製造中心的遠景，可能為台灣帶來未來數十年的高成長。

但是，系統矽導計畫不應以設計代工自滿，而應更進一步的，為台灣資訊產業升級催生。在ＩＣ設計業方面，未來發展趨勢為整合型晶片（SoC, System on Chip），因為數位家電產品在輕薄短小、高效能及低成本的趨勢下，勢必需要高整合度的ＩＣ。換句話說，台灣能否整合傳統電子業與資訊業，成功的進軍新興的數據家庭產業與數據內容(Digital Content)市場，端看系統矽導計畫能否發揮產品整合的功能！

台灣需要像李國鼎先生般的強勢科技領導者

唯一讓人憂心的，是台灣的軟體業。與印度和中國大陸相較之下，台灣受到以硬體與製造爲重的偏差影響，再加上英文能力較低，造成跨國軟體發展的困難。這方面的發展需要政府與創投業和跨國大廠的政策性配合，才有產業升級的可能。從政策的眼光來看，台灣固然需要靠提昇製造與半導體產業的層次來維持世界級的製造優勢，但是控制產業的市場行銷卻需要台灣在系統軟體能力的提昇。

事實上，這種現象與台灣業者的重視短利（short term profitability）有直接的關係，也與政府中亟需像李國鼎先生那種有遠見的科技官員有關。要促成台灣科技升級，就一定要把這些關鍵性的領導職位重新提升到行政院內閣閣員的地位。除此之外，台灣需要一些大師級的趨勢願景人才，爲台灣分析下一世代的遠景。以美國爲例，歷任總統都爲國家當時的科技訂定下一世代的發展遠景。羅斯福總統成立了美國國家科學基金會，爲美國研究大學的世界領先地位奠下了深厚的根基。甘迺迪總統成立了太空總署，使得美國在美蘇太空競賽中，取得絕對的優勢。科技產業的產業提升與轉移，需要一個非政治性的領導者，更需要一個非黨派的國家共識。

從純技術的眼光來看，台灣已經擁有發展這個願景的能力。眞正欠缺的只是一個國家政策性的共識，和一個協調良好的創投環境。

兩岸科技環境的比較

最近美國商業週刊也對大陸在科技方面的崛起，有相當廣泛的探討。其中，他們對於大陸每年四十萬以上的大學工程畢業生所代表的龐大科技人才資源感到憂心。相較之下，美國每年的工科畢業生只有二十萬左右，而台灣的理工科畢業生人數更是相形見絀。產業的外移，尤其是設計方面的工作最令人憂心，因爲最尖端科技的產生，都在於環境裡有提供從實際工作裡學習的機會，這個「根源」一旦中斷，長遠來看一定會有負面的影響。

台灣學生不願讀苦哈哈的工科，這或許與生活的自由有關。生活環境太缺乏患難的意識，再加上求生容易，使社會不容易看到潛在的危機。

大陸的最大弱點不在人的素質，而在整個經濟與科技投資生態上有問題。大陸至今幾乎沒有自己的創投業，而外來的資金又以利用大陸龐大的基礎科學與工程人才來降低跨國公司研發成本爲主，所以製造不出可以創新的尖端產品。

我覺得比較可能的途徑是由大陸旅美的人才回流，配合一個開放的創投資金環境，再加上一些以大陸新興市場爲目標的創意產品，才可能建立一個屬於大陸本土的科技生態。台灣不就是這麼過來的嗎？唯一不同的是，台灣已徹底的資本主義化，而大陸可能嗎？雖然在大陸的創投公司極多，但大部分規模尚小。在二〇〇三年大陸的創投資金雖然可以達到一億五千萬美元，但是這個數目大約只有美國創投界一週的總投資額，而其中大部分資金來自台灣與美國，加上政府的創投政策尚不明確，又缺乏智慧產權的保護，使歐美投資家躊躇不前。

強勢的創業文化、世界級的製造產業生態，與熱絡的創投環境，是台灣致勝的關鍵

資訊市場仍是個充滿機會的戰場，成敗端視資訊業者能否洞燭先機，及時轉行成功。代工西進是資本主義和自由市場制度下的一種自行更正的現象。台灣政府與科技創投應首重對瞬息萬變的產業結構加以分析考量，進而作出具有深遠影響的計畫。

代工西進挖空的只是代工產業，但它帶不走台灣的強勢創業文化，也帶不走利用台灣創投資金在台海兩岸與美國的創投基礎。所以，台灣如果能結合它在美國先進科技的投資與台灣的重點發展資訊產業，產業的升級夢指日可待。

5
洞燭先機

（日本京都哲學之道）

"Every truly great accomplishment is at first impossible,
and
a great strategy is often strikingly intuitive and simple."

「所有真正偉大的成就，一開始都看似不可能；
而出人意料地，傑出的策略常來自直覺，單純得令人驚訝。」

——一家中國餐館的幸運籤

上一頁這兩句話，不曉得是誰說的。但我第一次在一家中國餐館看到它，就非常喜歡。它道出我科技生涯路上一直堅信的一個原則：許多偉大的發現和發明，都源於發明者當初堅持自己有「做夢」的權利。產品願景（Product Vision）是一個理想的表述，一個現在尚無法達成的夢幻未來。

一個好的產品願景是一個把未來的幻想與現實社會裡的產品應用結合以後所迸出來的火花。換句話說，一個可行的產品願景有很高的實用性，可以改善現有的作業效率或根本地改變整個大環境。

不是技術掛帥也可獲勝

其實，條條大路通羅馬，值得做的產品遍地皆是，就看自己的觀察力是否敏銳。美國福特汽車公司創辦人亨利・福特（Henry Ford）出身農家，但酷愛汽車，一九〇一年十月因擊敗溫頓（Alexander Winton），成爲賽車冠軍，這使他擁有了成立汽車公司的資本，經歷兩次失敗之後，終於在一九〇三年與其他十一個投資者一起創立了福特汽車公司。雖然工業革命以後，許多日常生活用品都以生產線的方法大量生產，亨利・福特卻是第一個把生產線作業的技術引入羽毛未豐的汽車工業的人，不但爲福特的發展奠定了基礎，而且也對全世界的經濟發展產生了極深遠的影響。

一個好的產品願景，不一定非得是發現了別人看不到的事。郭台銘先生的鴻海集團，因為發展出一套非常有效率的代工系統，並善用以大量代工所產生的價格優勢，而一舉成為世界性的大企業。當然鴻海的成功，除了台銘先生過人的領導能力以外，它所發展出來的一套製造量產的知識及執行的驚人效率，實在令人折服。

咖啡連鎖店星巴克（Starbucks）靠的是販賣自古以來大眾就飲用的咖啡，藉著美國發展出來的品牌，而進一步變成了國際性的行銷網。然而星巴克並不因此自滿，又於最近引進最新的無線 Internet 上網連線服務，使得它得以繼續獲得客戶的青睞。

許多廣大新商機都隱藏在被忽略的次市場裡

如上一章所述，二〇〇〇年在各大廠商和網際網路投注下數百億美元購買3G無線頻率執照和傳輸設備之際，由台灣出生的創業家陸弘亮（Hong Liang Lu）所創辦的美商UT Starcom 發展出一種新的都市型無線網路系統，以滿足亞洲新興次市場的需求。其實，這個技術最早是在日本發展出來，但因為日本的市場需求在於更高檔的產品，因而沒有受到注意。

從這個例子我們可以看到，有許多大的潛在商機，事實上往往蘊藏在一些廣大而不爲人注意的所謂次要市場裏。雖然這些市場的平均消費能力較低，但是因爲消費人口驚人，所以一旦發展出一個大多數人負擔得起的新產品，往往就會使一個公司從平地而起，一炮而紅。更有趣的是，這些公司因爲營收成長驚人，利潤可觀，而反過來變成一些更先進高科技公司的併購者。

改造傳統產業

在第三章我們提到，蘋果電腦創辦人賈布斯在二〇〇三年五月利用蘋果電腦的MP3下載器，成功創造一種新的商業模式，並徹底改變媒體的行銷方式。當然，其他廠商看到這個商機很好以後都會蜂擁而上，所以蘋果電腦能否保持領先尚不可知。可是，從這個例子可以淸楚的看出，要能洞燭先機，必須對於一個問題的前因後果有非常深切的了解和觀察。

從以上這幾個例子可以證明，加值低的產品也可以成功——只要它在其他方面有一兩項重要的致勝武器。基本上，加值的方法可以分成三大類：

1. 市場行銷加值
2. 製造加值
3. 產品加值

市場加值式的公司通常要先著重品牌創立的先機，再輔以有效的行銷推廣策略。亞馬遜、雅虎、eBay 就是執行這種策略的佼佼者。通常這類公司的市場推展資金極爲雄厚，而且又只有容納極少數成功公司的市場容量。

製造加值式的公司則著重於以量產帶來的生產價格優勢，但資金需求極爲龐大，生產線翻新壓力大，而且毛利往往受制於國際性的跨國行銷公司，所以需要分散產品代工種類和來源。

一般的創投資金都集中於產品加值類的企劃案，最主要的原因是，這一類的投資加值性高而造成較高的競爭門檻，因而減少行銷發展的時間和開銷，這造成公司在創始之初，可以把大部分的資金用於產品研發。

重要的不是誰先想到，重要的是誰先做到！

產品願景的思索從何而起呢？這個問題是一般人日夜思索最想知道的。其實，一個好的產品構想並不一定要是一個從來沒有人想到的新點子。所謂太陽底下無新鮮事，人同此心，心同此理，一個好點子極有可能會在許多人的腦子裡打轉。所以，當產品的大方向一定，就應盡快進行設計和著手成立公司，以免喪失先機。我常以這世界到目前爲止只出了一個愛因斯坦爲例，來讓創業的人明白，雖然所有有志創業的人都覺得他們的產品構想是一個獨一無二的發現，然而事實卻很可能跟他們的結論相左。我這麼說的用意，只是想告訴他們，重要的不是誰先想到，重要的是誰先做到！

反過來看，我發現有許多獨一無二的產品，往往是因爲結合了一些重要的技術，進而發展出一套新的方法，而使得原有的產品被取代或藉此開發出一個嶄新的市場。

譬如說，在美國這種高度依賴即時電子信息傳遞的社會，隨身攜帶的電子呼叫器（pager）多年來已是許多流動商務族所不可或缺的。但是早期的電子呼叫器只能傳送單向的簡短信息，而且沒有能力即時轉送公司裡的電子信件，這造成許多聯繫上的困擾。此一現象一直到二〇〇一年才改變：一種名叫黑草莓（Blackberry）的新產品，成功地結合了傳統電子呼叫器和無線電子信件，而使一個新市場平地而起。

另一個非常有趣的例子，就是最近發展出來的手機照相機。二〇〇二年，一些新的結合照相機與電話手機的新手機開始出現在市場上。這種新型手機很快的就被世界各地的消費者接受，而引發出一個狂熱的換手機熱潮市場。據估計，這種新手機在全世界二〇〇三年的銷售量超過其他同年傳統照相機的總數！當然，這些新手機並不會取代傳統照相機的市場，但是它有改變人們如何傳播多媒體內容的深遠影響。所以這個改變將帶來的最大商機並不一定在新型手機的銷售上，而是在於這種突破性技術所帶來的以前不可能的無線內容傳輸的上下游商機！譬如說，如果大部分消費者開始大量的使用這個新技術，它會造成網際網路服務提供公司儲存容量需求的直線上升，進而帶動一些儲存仲介公司的興起。而大量的照片數位化又會帶來一些新的PC儲存週邊硬軟體市場的發展。這些新商機至今尚極少被人開發出來。

傳統的照相機已有一百五十年的歷史，但是數位照相機在最初十年的總市場就會達到一百億美金！更驚人的是，二〇〇三年的新手機照相機的銷售總數，預計會超過其他照相機的總數。

也就是說，雖然數位照相機與無線手機早就是大家日常不可或缺的東西，但是把這兩個產品結合起來的手機照相機卻造成往後十年的一個大商機。既然這個大方向是不容置疑的，那麼往後是否就沒有更多的突破呢？

這個問題的答案是否定的。事實上，手機照相機的照片品質距離其他的照相機還有很長的一段距離，而且這個技術的改良還會牽引出無線網路的發展，所以長期研發的遠景仍然十分看好。

洞燭先機往往就在一念之間

近年來，由於行動電話、筆記型電腦與其他手持型PDA等流動性高的資訊產品的使用急遽增加，使得超

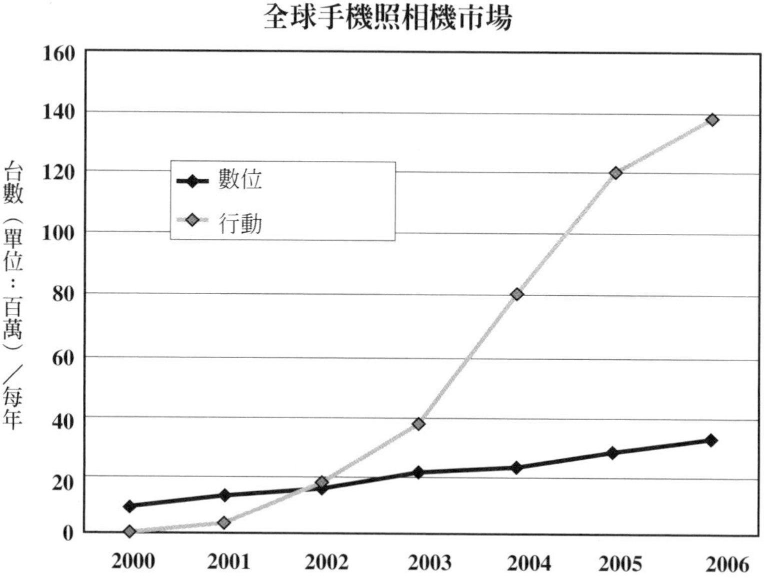

資料來源：Sony Inc. (reported by Photo Imaging News-International Edition 2002), and IDC

輕高電量電池的發展一下變成最有前途的新興科技之一。資訊科技雖日新月異，電池的技術在過去數十年來卻發展緩慢，根本跟不上新的流動性資訊產品的用電需求，使得一個昂貴的筆記型電腦每隔幾個小時就需要換電池。從這個例子可以清楚的看出來，既然無線電腦與行動手機是必然的趨勢，爲什麼電池的發展沒有得到應有的注意呢？問題就出在大部分的人都隨波逐流，不能深思在一些明顯的巨流下，會有什麼新的變革因應而生。

許多偉大的發現和發明，都源於發明者當初堅持自己有「做夢」的權利

一些眞正偉大的發明在日後所造成的深遠影響，通常連發明的人自己都意想不到。蘋果電腦的創辦人史地夫・賈布斯在他自家的車房研發世界上第一部個人電腦時，根本不能想像今天它會變成我們日常生活中不可或缺的一部分。

還有一些很重要的發明，像今天人人手上的無線手機，其實在很早以前市場尚未成形之時，AT&T的一些研發人員就曾建議過AT&T發展這市場。可惜當時的AT&T管理階層非常短視，認爲手機的通話品質太差，不可能被消費者接受，而放棄了這項計畫。從這個例子，可以淸楚的看出只靠技術衡量新商機的危險。

一九九七年，我在美東創立了箭點通訊公司。當年的整個產品構思，也是建立在一個很簡單的問題上。當網路革命剛起飛，箭點就注意到早期網站所造成的網路交通流量和網站內容的特質已經與當時的網際網路格格不入。其中最主要的原因是，因爲早期的網路，就像一個高度連接的公路網一樣，只知道如何把車子從一個地方開到另一個地方，而從來不知道車子裡坐的人是否非常重要，或者它裡面所運送的貨物是否有迫切的時間性。箭點產品的突破性就在於把原先存在於網站應用軟體的智慧信息，成功的即時轉送到網路內。此一發明，使大型網站的發展變成可能，而且因此發展出一個十億美元的新市場。

產品的構思在於如何掌握在激烈變革之中市場重新排列組合的新契機

箭點公司在二〇〇〇年先上市成功，兩個月後再以五十七億美元的天價賣給思科的事，曾經轟動一時。這件事引起了許多人對箭點公司最初的產品構思和發展產生極大的興趣。其實，每次有人問到這個問題，我都告訴他們，產品的構思有一套非常容易了解的程序，而此一程序既可以幫助有志創業的人，變成一個思維細密的導航者，而同時又能指導創業者和公司研發主管從混亂矛盾的信息裡，找到一條康莊大道。

基本上，構思的目的在於尋找因爲激烈變革而產生的新商機。如果沒有重大的變革因素，就會使得一個新的公司失去使市場重新排列組合的契機。所以創業者在決定產品方向之前，一定要集中精力觀察以下的三大因素：

1. 重大突破性技術（Disruptive Technologies）的出現
2. 重大市場的轉變
3. 重大政府政策性的轉變

我們把以上三點逐一討論一下。世界最大的連鎖零售商 Wal-Mart 一天賣出去的產品不但種類繁多，而且數量驚人。所以 Wal-Mart 營運效率的最大挑戰，就是如何能有效即時地補充熱賣的產品庫存。雖然庫存需求已電腦化多年，但至今全世界的零售商靠的還是幾十年前的老辦法，把產品後面的 Bar Code 掃描進電腦裡。但是這種方法無法與其他相關的應用軟體相結合，同時也缺乏一些如客戶ＩＤ、商店地點與缺貨數量等其他重要資料。Wal-Mart 爲了自身的利益，便開始要求它的前一百名產品供應廠商，採用一種叫 Radio Frequency ID 的突破技術取代行之數十年的 Bar Code。這種技術可以被用來建立智慧型的即時庫存系統，並可以注入客戶的購買歷史及消費能力等等，可以說是無遠弗屆。這種技術就是一個好的突破性技術的例子。

最近的區域無線網路技術發展（WiFi WLAN）和更早期的藍芽（Bluetooth）近距離無線技術也是重大突破性技術的好例子。WiFi 技術在剛一開始時，只被認爲是一種新的短程而無法銜接成大型無線網路的小技術。可是，因爲它使用容易，而且又不受政府無線電波的管制，所以很快地從公司內部蔓延到旅館、機場、購物中心和咖啡店等連鎖企業裡。

網路上線購物可以算是市場行銷方式的一個重大的轉變。越來越多的人利用這個方式購物，因爲它方便、即時，而又有幫助個人開銷帳目電腦化的好處。這種線上購物的趨勢已經蔓延到其他的企業裡。思科每季有百分之二十以上的產品訂單是客戶直接上線購買的，這促使思科的行銷開支得以大幅降低。

美國國會在一九九六年通過的電信法案，則可以說是因政府政策改變而引起科技市場激烈變革的重要例子之一。

歷史證明，一個動盪的社會，往往會帶動下一波全面性的社會和文化變革，進而引發文明的躍進。同樣的，科技的進展，源於既有的方法因爲遭遇一些新的突破而被淘汰，因而造成生生不息的科技世代循環。

6
資訊科技未來走向

（美國New Hampshire州國家森林）

"What can be done will be done."

「所有可能成就的，終將實現。」

——英特爾前董事長安迪．葛洛夫（Andy Grove, Intel Chairman）

袖珍型系統半導體將成爲新科技開疆拓土的墊腳石

半導體（ＩＣ）在近年來一直朝著高電路密度和系統型 SoC IC （System On Chip）的方向前進。這些發展，固然有提昇ＩＣ資訊處理速度，與降低資訊生產成本的功效，但是到目前爲止，並沒有因此而創新科技產品與拓廣新市場的能力。現在我想探討的，是所謂的奈米科技，就是一種以微生物般，肉眼無法觀察到的物質代替今天以矽爲主的半導體製造技術。最小的奈米半導體只有一〇〇奈米（10^{-9}m）大！

今天的半導體技術所製造的晶片大小，與當下流通的貨幣銅板相當。但是，如果把奈米技術應用到半導體的製造上，一來可以使半導體的體積縮小五百倍以上，使得一個基本電晶體變成大約只有十個原子的長度，已經無法再用肉眼觀察，並有速度加快與用電量小的優勢。這麼一來，可以適用的新產品將會如雨後春筍般的湧現。

譬如說，採用奈米晶片的手機，體積與重量可能進一步縮小，而且每一年只需要充一次電！奈米系統晶片也可以永遠移植到人體裡面，持續的測量人體裡面重要器官的功能，並把異常的生理狀況，直接送到家庭醫生的手中。奈米科技其實是一種改變物質ＤＮＡ的技術，所以它可能對多種工業產品帶來革命性的變革。奈米物質可能輕如鴻毛，卻同時擁有鋼鐵般的堅硬特質。所以奈米材料的飛機有節省燃料的功效，奈米鏡片有不易磨損的好處。從這些例子可以清楚的看出，奈米科技是一個劃時代的突破技術，它是有衝擊下一世代產業革命的潛能。

微電腦與無線網路遍地皆是

電腦晶片與區域無線通訊晶片的結合，將加速電子與資訊產品以標準無線通訊相結合的大趨勢。今天ＩＴ數據中心（Data Center）裡密密麻麻的電纜將大幅消失，無線通訊將把傳統的電視、電話、汽車，甚至於家裡的微波爐、冰箱、手機，與公司裡的企業網路結合成一個完全互通的智慧資訊網。

在這樣的資訊世界裡，你的冰箱可以按照你在公司裡下達的指令，在你回家前的一小時，開始把預定的冷凍進行解凍；你的車子可以即時的把塞車最新消息傳達給你；你在公司的電腦可以把電子信件即時的傳到你的手機；你的電視可以變成你的電腦螢光幕，把手機無法顯示的多媒體文件展現出來。

辦公室裡的溫度與燈光，會自動依工作人員的多寡隨時調整，甚至在沒人的時候自動關閉以節省能源。養老院的老人身上所配備的醫療微電腦，每隔一個小時可以自動把所測得的健康信息直接傳送到醫療人員的電腦上。

網路電話取代傳統電話系統

網路電話最主要的好處，是打電話幾乎免費，而且不計時，及不受距離與國際邊界的影響。也就是說，消費者一旦有了上網的能力，便可以毫不受限制與干擾的互相透過網路來講「網話」!從技術的角度來看，以網際網路來取代傳統的電話系統早已是可行的事，只是能夠傳輸聲音的網路基礎設備尚未普及，而且「網話機」的價格至今仍然偏高。

另外一個人爲的阻力來自當今的電話公司。技術愈往網路的方向走，電話公司就喪失愈多的傳統電話收入。這就是爲什麼電話公司都積極切入網路與無線通信事業的原因——與其把收入拱手讓人，還不如自己介入轉型的工作，以便控制轉型的速度。

網話機除了有以上的好處之外，另外還有結合影像、網站內容與傳統聲音的能力。如此一來，網話機就變成一個ＰＣ，既有儲存資料的能力，又可以隨時上網。進一步來看，網路電話與無線手機的結合，也是指日可待的事了。

微軟的視窗操作系統將因資訊交易時代的來臨而逐漸式微

資訊內容藉著網路傳遞到另一個人的手中，是一切商務e化的最基本的事。可是，這個基本指令能力與微軟的視窗操作系統只有很少的邊際關係。換句話說，資訊內容的交換一旦標準化與公開化，任何可以傳送標準資訊內容的操作系統都可以互相溝通。這麼一來，微軟靠英特爾而建立起來的PC操作系統勢將喪失壟斷市場的能力。換句話說，以內容爲主的操作系統，將取代PC爲主的操作系統，一個新的操作系統的戰國時代，有一觸即發的態勢。比爾．蓋茲的世界首富地位是否會因此受到影響？誰又將會取而代之呢？

PC的產業生態面臨分解

在冥冥之中，似乎許多科技產品的發展都陷入一個大的循環，每隔幾年就又重新鹹魚翻身。早期的PC簡單得可笑，電腦螢幕只有處理文字的能力，不能處理圖片，更遑論看DVD或者是儲存大量的資料了。

但是經過二十年的發展以後，這種硬是往PC裏面塞設備的做法已經到達了極限，而網路的發展與智慧型電腦週邊設備的發展，又都與以ＰＣ爲主流的產品發展方向背道而馳。譬如說，下一代的網路音樂與網路遊戲的發展使得資訊儲存的需求大幅增加，而家電設備因受智慧化的影響，使得每一個都具備了ＰＣ般的資訊處理能力。這麼一來，光是一個現代化的智慧屋裡可能就有許多不同功能的「變體ＰＣ」，互相以區域無線網路通信與交換內容。既然如此，資訊內容的儲存，就應按內容的性質，儲存在一個共同的網路儲存點，以便改善內容的傳輸與資料儲存的費用。平面ＬＣＤ電視的發展也使得ＰＣ的螢光幕顯得多餘浪費，無線網路的發展更使得ＰＣ的通訊功能大幅簡化。那麼，請問一個沒有顯示器，沒有太多儲存能力，又沒有太多其他五花八門的ＰＣ週邊設備的ＰＣ，像不像一個被分解的舊設備？

下一波資訊發展將著重與傳統產業的結合

資訊科技對於現代經濟體生產效率的提昇已經是有目共睹的事實，但到目前爲止，許多傳統工業的作業方法仍然尚未受到資訊科技的洗禮。所以，可以預期因資訊科技的應用而得到的經濟效益，將在可見的未來持續下去，尤其是交通運輸工業、能源業、醫療服務業與家電工業在未來十年間將首當其衝。

智慧型即時交通偵測系統將與有GPS導向系統的車輛相結合，造成因交通阻塞所浪費的能源大幅減少。購物中心與機場等公共場所裏的電梯，在沒有人使用超過一段時間後會自動停止，而在第一個行人出現時再度及時開啓。十字路口的紅綠燈可以按照某方向的車流量而自動調整，而在空無一人的十字路口等紅燈的經驗也將成爲過去。

看醫生的定義也會改變。許多例行的健康檢查將可以在家裏執行，然後將資料直接送到家庭醫生的電腦裏。出外旅行時，你的醫療歷史可以跟你隨行，使得因病情歷史資料缺乏而產生的誤診可以大量減少。藥房裏的藥劑師，可以按照你的生理反應歷史，避免因同時服用多種藥物而產生不預期性副作用。

科技的遠景仍是一片光明，讓我們共同打造更好的明天！

7
資訊革命創業先驅的探討

（中美洲加勒比海聖約翰島）

開路先驅的血液裏，
流著探險的基因，
對未來的好奇勝於恐懼，
心裏沒有失敗，
只有遲來的成功。

資訊革命至今已經經歷了三個劃時代的變革。第一個變革，是PC爲我們提供了資訊電腦化與個人化的操作平台；其次，網際網路把原本各自爲政的PC結合成一個無遠弗屆的通訊網；而最近的第三個變革，是網站技術的發展，把原本只有電腦工程師可以閱讀的網路資訊，轉變成一個人人每日生活都可以使用的工具。有趣的是，在網際網路的開拓史中，有貢獻的人很多，卻很難舉出最有代表性的人物。相對的，在PC與網站的發展史裏，我們卻看到有許多做過歷史性貢獻的傑出人物。

賈布斯：火爆的PC世代先驅

史地夫・賈布斯是一九七〇年以來數據革命歷史當中極具代表性的一個人物。最重要的是，他不但是最具代表性的、典型的創業家，更是今日PC的原創者，對於後世的影響，可說已經遠遠超過像微軟創辦人蓋茲等更爲人知的其他時代人物。

賈布斯的童年相當坎坷，他早年的衝動火爆可能與他從小被父母遺棄有關。綜觀賈布斯一生的創業生涯，就像一個最美好的創業經典。在他的故事中，可以看到他在年輕時，初創蘋果電腦，對創新的熱忱衝勁和所擁有的無限遐想空間。蘋果電腦剛取得PC電腦市場的先機時，我們也看到了作爲一個初創者，當他發現公司的成長已經開始超越他自己所能貢獻的能力時，所展露出的不成熟和情緒化的反彈。這股不成熟的蠻橫，在他與蘋果電腦董事會決裂，憤而離開這件事上，展露無疑。賈布斯離開蘋果電腦後所創設的新世代電腦公司（Next Computer）有太多「報復」的心理作祟，一心只想創出一個「更新」的蘋果電腦，而忘記了外在市場環境早已與當年迥異。從新世代電腦公司這個例子，可以看到因爲他對於科技的盲目追隨最終所導致的失敗。

有趣的是，就在一般人都把賈布斯打成過氣的創業家之時，他竟然又換跑道，轉戰娛樂界，重新打造他創業的第二春，把琵克薩公司（Pixar）推上了另一個創業高峰。

正當賈布斯藉琵克薩公司來改變一般人對他的評價之後，不料他卻又演出一齣「鳳還巢」，回去自己創立的蘋果電腦擔任總裁。

賈布斯第一次創立蘋果電腦，是天時、地利、人和的結晶。賈布斯第二次創立新世代電腦公司是源於個人盲目衝動和自傲的心理。而賈布斯第三次投資琵克薩公司是偶然的勝利。賈布斯再次返回蘋果電腦，是出於回饋的心理，與自己的歷史地位，而也就是在這一次之後，他終於成爲了一個完完整整成熟的創業家。

賈布斯一生創業最爲人知的兩個公司，一個是大家十分熟悉的蘋果電腦，另一個便是名爲琵克薩的電影人工動畫（Animation）公司。這兩家公司也確實都研發出一些極具衝擊性，非常劃時代的革命性技術。但是，如果創業成功與否是以投資人創造的財富來衡量的話，那這兩個公司的結局就太不一樣了。琵克薩公司是許多像 *Toy Story* 和 *Monster* 等熱賣卡通電影幕後的技術功臣。隨著電影的成功，琵克薩公司的股票也跟著水漲船高，從一九九五年到今天已經漲了五倍，使賈布斯光靠自己擁有的琵克薩公司股票，就有十八億美元以上的身價。相對地，賈布斯擁有的蘋果電腦股票，據估計只值八千五百萬美元。雖然蘋果電腦的股價在前數年有些溫和的成長，但是今天的股價與它十五年前的股價相當。換句話說，蘋果電腦的股票是美國股市表現極差的一個。可幸的是，投資上的長期回報率，並不是創業成功與否的唯一指標。不要忘了，絕大多數的創業公司連上市的機會都沒有，更別談股市回報率了！

成功的創業案往往是因爲它們擁有一些從來沒有人做出來過的突破性發明。可是反過來說，突破性的發明是否就一定能保證日後的成功呢？答案是：不一定。事實上，美國的投資大師華倫・巴菲特（Warren Buffet）在一九九九年發表的一篇文章裡，就曾經談到這種好科技並不一定是好投資的現象。其中最主要的原因，乃是好科技並不一定有廣大的市場需求。蘋果電腦是開創PC產業的先驅，這個貢獻在歷史上終將有它重要的地位，更遑論它對我們每日生活的長遠影響與改變。但是蘋果電腦的公司策略，是與英特爾和微軟為敵，而且它們未能即時掌握到PC產業商品化的趨勢和巨流，最終不得不把辛辛苦苦打下來的江山拱手讓人，淪為一個僅居次要地位的PC公司。

相反地，琵克薩走的路線，是藉著高科技在娛樂界來創造出一片新的娛樂版圖。這麼一來，它自身的利益就與好萊塢的大亨們緊密地結合起來，很快地闖出新的一片天。

對一個創辦者來說，這種同為好科技而卻有迴異結局的情形，實在是一件很令人困擾與懊惱的事。其實不容否認的，身為創辦者，對於科技以外的因素，往往有一種盲目或潛意識的輕視。對他們而言，他們所創造的每一個東西，都是他們最好的結晶，理應被一視同仁。

從賈布斯的創業生涯，我們同時看到了一個創辦人優秀的一面與缺陷的一面。對於科技，他有一種近乎追求完美的堅持。幸而生逢其時，他個人的創業也等於掀起了七〇年代的PC革命。然而他對科技堅持的個性，卻又使他在離開蘋果電腦後創立新公司而一敗塗地。就在他因為一個偶然的機會，介入了卡通電影的公司，雖又曾一度瀕臨失敗，甚至遭到原創辦團隊的排擠，反而卻又因為他不肯輕言放棄的堅毅個性，造成他在緊要關頭，起死回生，意外的帶給他創業生涯的第二春。賈布斯的三次創業經驗，使他從一個火爆小子，變成一個火爆依舊，但眼光作風卻逐漸沉穩的企業家，終於在最後促使他又回到他眞正最愛的第一家公司——蘋果電腦。

蓋茲：鍥而不舍的天生企業策略家

微軟創辦人比爾・蓋茲是世界首富，關於他的財富與公司的報導幾乎每天都有，但是鮮有人深入探討蓋茲成功的眞正原因。事實上，微軟在與ＩＢＭ合作之前，只是一個微不足道的小軟體公司，公司的操作系統軟體（Disk Operating System）也沒有太多特別的地方。微軟與ＩＢＭ早期合作開發ＰＣ操作系統，是造就今天微軟王國的眞正原因。更令人驚訝的是，ＩＢＭ不但同意了合作，還同意微軟可以再自行發展合約以外的其他操作系統軟體，而這個系統軟體，也就正是當今微軟壟斷ＰＣ市場的視窗操作系統的前身。蓋茲是一個天生的企業策略家，他深謀遠慮，雄心勃勃，這種特質從某方面而言，彌補了他產品創新能力的不足。

蓋茲與賈布斯生於同一個時代，長於同一個時代，同樣有非凡的成就，卻有幾乎相反的人格與個性。蓋茲頭腦冷靜，思維細密，而賈布斯感情用事，直覺強烈。所以，賈布斯開創了ＰＣ時代，最後卻喪失先機，拱手把ＰＣ軟體的天下讓給後來居上的蓋茲。蘋果電腦敗於公司策略的失敗，不能看到ＰＣ硬體市場已經商業化的危機，而執意繼續它的硬體產品。這種錯誤與賈布斯個人沉迷硬體與製造技術的偏頗有絕對的關係。

蓋茲的鍥而不舍的精神在微軟的歷史裡面到處可見。微軟花了十年以上的工夫才在ＰＣ的軟體技術上趕上蘋果電腦，而且沒有因爲技術落後了這麼久而使公司的擴展受影響，最主要是蓋茲長袖善舞，把微軟的利益與英特爾的微處理機利益相結合，壟斷了ＰＣ市場，並進而促成了台灣的ＰＣ代工工業，使得ＰＣ價格直線下降，把蘋果電腦打得落荒而逃。

所以從科技創新的眼光來看，微軟並不是個非常好的公司。可幸的是，蓋茲有自知之明，又有雄才大略與經營公司的卓越能力，終於成大功立大業。

蓋茲知人善用，知道如何擷他人之長補自己之短。蓋茲在微軟初創時，其實有兩個合夥創辦人的協助，一個分擔技術方面的責任，另一個知己就是今天微軟的ＣＥＯ史地夫・龐摩（Steve Palmer），出身哈佛ＭＢＡ。蓋茲與龐摩數十年來合作無間。龐摩雖有經營長才，但性情剛強衝動，而蓋茲冷靜深思，有能力同時駕馭技術與企業經營，就變成龐摩對外的好搭檔。蓋茲惜才而且非常禮遇他們。微軟每當進入一個新產品領域時，就以重金吸引最好的人才，並以無限的研發預算與最好的工作環境，讓研發團隊盡情的發揮，一直到微軟獨霸市場爲止。

蓋茲是一個成功的創業家，但他的科技生涯裡，抄襲模仿的成分多，創新的成分少。微軟總是在市場已經成熟時，再以迅雷不及掩耳的速度，藉著它在PC操作系統的壟斷地位，硬把市場給搶過來。賈布斯則像個會傳道的藝術家，他對先進科技的痴迷，近乎藝術家對於一個絕世珍品的喜愛。可惜的是，市場上的最後贏家，並不一定是擁有最好技術的人。

艾利生：擅長商場縱橫的暴君

甲骨文創辦人賴利・艾利生（Larry Ellison）也是個多采多姿的鬼才。艾利生與微軟的蓋茲一樣富甲天下，名列全世界首富的前五十名，也與蓋茲一樣，大學中途輟學，開始在加州軟體業闖蕩。七〇年代，正好碰到電腦資料庫（Relational Database）的技術轉型，再加上迷你型電腦的興起，IBM在資料庫方面的領先地位一下子受到硬體與軟體同時轉型的雙重壓力。與微軟不同的是，除了甲骨文之外，同時看準這塊大餅的大有人在，所以競爭激烈。甲骨文的成功在於得到市場佔有率的先機，並於市場早期與它的OEM廠商成功結盟，控制了行銷的管道。

艾利生剛愎自用，自視甚高，但在商場上勇猛無比，行銷策略高明，打擊競爭對手既準又快，常常使人措手不及。艾利生與蓋茲一樣，有科技工程背景卻又是個卓越的企業經營者。艾利生與蓋茲不同的是，蓋茲以領導見長，而艾利生卻是大權獨握，像個暴君。可幸的是，他的企業長才足以彌補他作風上的缺陷，而在這種情況下，還是成爲一個成功的企業家。這雖可說是僥倖，但萬萬不足師法。

克拉克：洞燭*e*化先機的網路之父

其實嚴格的講起來，微軟的蓋茲、蘋果電腦的賈布斯和甲骨文創辦人艾利生都算是PC時代的先驅，只是他們的科技生涯橫跨PC與網路兩個時代。網路時代的眞正開路先鋒，是史丹福大學教授出身的傑米・克拉克。有趣的是，PC時代的三位風雲人物都是「拒絕聯考的小子」，大學沒畢業就開始闖蕩江湖，一直到克拉克才把「學位無用論」者的氣焰，稍微壓制下來。

克拉克是一個眞正對科技有深刻了解的學者兼創業家。他與學院派學者最大的不同，在於他能藉對於科技的了解，悟出可能解決的實際問題，也就是一般人所說的洞燭先機。克拉克三次創業，每次都在科技界產生極大的衝擊，成功絕非偶然。當然除了累積了二十億美元以上的個人財富以外，稱他爲網路之父絕不爲過。克拉克第一次創業的公司叫矽圖（Silicon Graphics），是今天ＰＣ三度空間動畫技術的先驅。矽圖公司的技術突破是今天所有 Internet 遊戲、網路電影與虛幻電影畫面的創始者，影響不可謂不深。有趣的是，克拉克研發這個技術的時候，曾到我任職的精準電腦公司尋求合作機會。當時，精準電腦已是一個年營收超過十億美元的大公司，而矽圖公司還剛起步。可惜的是，精準電腦從ＩＢＭ過來的經營團隊，沒有辦法看到克拉克所預見的廣大市場，而喪失了併購矽圖公司的機會。精準電腦在錯失這個機會以後，就逐漸式微，最後以倒閉收場。

克拉克第二次創業，與剛從伊利諾大學畢業的馬克・愛瑞生（Mark Andreessen）合作，成立網景（Netscape）公司，並推出世界上第一個商業用的網路網站瀏覽器，一舉改變了線上資訊傳播的方式，把資訊工業從封閉式的網路銜接系統，第一次推向開放式而互通的全球網站資訊傳播系統。這個革命性的突破使得每一個擁有ＰＣ的人，不論所需要的內容有多遙遠，都可以在舉手之間獲得，而不受地理與時間的限制。網站閱讀變成許多人生活中不可或缺的一部份，就好像報紙與書刊一樣。

克拉克在第一次創業時，雖掛董事長的頭銜，實際上擔任的是公司的技術總監（Chief Technology Officer）的職位。公司雖然成功，但克拉克個性剛強，因對於專業性的公司ＣＥＯ的管理方向很不能苟同，而與董事會產生嚴重的衝突，最後導致與蘋果創辦人賈布斯類似的結局，與公司憤而決裂。這一次的經驗也許與克拉克在第二次與第三次創業時，堅守自己幕後的角色，而且親自遴選可以與自己合作的CEO有關。

克拉克在第一次創業成功以後，有許多人始終覺得他有點僥倖，因爲公司內部不斷的紛爭，使得公司的營運產生嚴重的分歧。這種輕視他的看法，在他二度創業再次成功以後，又產生了另一個極端，許多人從此把克拉克看成一個劃時代的天才，永遠不可能失敗。其實，克拉克對於這些感性的評論，從來就不在乎。他認爲自己並不是一個什麼了不起又有遠見的人，可以預測將來。對他來說，他做的決定只是因爲他對科技有深切的了解，而且能用邏輯推理，把科技準確的應用在最有用的地方而已。克拉克這種「淡而化之」的人生哲學，是他不會被勝利沖昏頭的最主要原因，也是他爲什麼一再成功的因素。

克拉克第三次創業，成立了世界第一個健康網站 Healtheon，目的在於把醫療體系的資訊系統網路化與自動化。這個公司雖然願景非常弘遠，但是並不是特別成功，而克拉克也因不再直接涉入公司的直接運作，故而影響力減低。

克拉克的歷史地位，在於開創了網路世代。網景最後雖然敗在微軟的壟斷策略之手，但那是企業市場爭奪戰的結果，絲毫無損於克拉克在推動網路革命方面的貢獻。

楊致遠與費羅：「眼球經濟」的先驅

華裔的楊致遠（Jerry Yang）與大衛・費羅（David Filo）是雅虎的兩位傳奇性創辦人。兩人皆出身加州的史丹福大學研究所，而且在創辦雅虎之前都沒有什麼太多的工作經驗。雅虎成立的時候，網站已經林立，而且新的網站不斷的湧出。雅虎的突破性貢獻在於搜尋網站的設立。這個觀念有點類似電話簿的分類廣告與查號台功能，它爲網路族提供上網的指南，使得網站內容的搜尋效率大幅的提高。由於這個功能，使得一般人在上網的時候，都藉著雅虎的搜尋功能，來銜接眞正需要的網站。就因爲這個仲介的角色，使得雅虎獲得許多仲介或過路費，並藉著上網會員人數的增長，吸引了許多網路廣告收入，造成了網路革命早期的眼球經濟——也就是說，公司的營收，藉著上網人數的增長，而使得網站的廣告收入成直線上昇。

當然，楊致遠與費羅在初創雅虎的時候，可能並不知道他們正在寫下網路革命史裡極重要的一頁。可貴的是，兩位青年並沒有因爲少年得志而迷失自己。我在思科任副總裁時，曾與楊致遠有一次因商務而見面。那時，楊致遠已應邀而加入思科的董事會。我從會談中，看到一個與他年紀不相符的成熟，對新的科技依然熱心好奇，讓我覺得他的成功並非僥倖。從楊致遠這些年來在雅虎所扮演的創辦人角色來看，他全心全意輔佐雅虎CEO的努力，是每一個創辦人都應借鏡的地方。

王安與施振榮：兩位傑出華裔創業家的探討

王安在華人科技史上佔有一個很特殊的地位，是科技界「交大幫」的眞正鼻祖。他二十五歲時從戰亂中的上海交通大學畢業後，來到美國東岸的哈佛大學留學，以三年的時間就取得應用物理博士學位，並發明了今天電腦記憶體的一件關鍵技術。在一九五一年，從來沒有創業經驗的王安，以六百美元的存款在波士頓創設了只有他一人的第一家公司——王安實驗室。這在五〇年代種族歧視仍然普遍的美國，需要很大的勇氣與決心。

王安是個天生的發明家兼創業家。從王安實驗室早期的桌上電子記算器，到世界上的第一個Word Processor的開發，到發展全世界有名的王安迷你電腦，使公司發展成一個年營收三十億美元的跨國大公司。七〇年代的資訊科技的總產值因爲遠在PC普及之前，三十億美元的年營收在當年是個天文數子，足以讓王安公司在電腦界取得與惠普平起平坐的地位。在美國的中國人都把王安尊稱爲王老闆，尤其喜歡在洋同事面前提到他，深有「與有榮焉」的感覺。

但是可惜的是，王安花了數十年建立的電腦王國，卻在八〇年代迷你電腦式微後未能及時轉型而失敗，而未能爲他的一世英名留下一個完美的句點，更使人體會到「創業難，守成更難」的話。公司的轉型，在瞬息萬變的高科技產業裡，靠的是經營團隊的應變能力，而王安晚年刻意安排自己的兒子接班，未能大義滅親，使得員工對於最高領導階層的信心降低，實難逃其咎。

相對的，施振榮在七〇年代創立宏碁的時候，王安公司已是一個年收入數十億美元的大公司。當宏碁建議與王安共同打拼PC市場時，竟然沒有得到太多的重視。可惜！

今天，宏碁爲台灣開創PC代工市場的貢獻可能比王安當年對迷你電腦的影響還大。更可貴的是，施振榮不斷的改造宏碁，使得宏碁不斷的化危機爲轉機，至今仍然繼續成長。

施振榮對公司領導階層的培養與公司領導權的轉移，與王安形成一個強烈的對比。王安刻意培植自己的兒子接班，而施振榮卻讓兒子在自己選擇的領域任意發展，這反而意外的培植了許多非常優秀的領導人才，散佈在集團內外的許多公司。施振榮集創業家、企業家和教育家的特質與胸懷於一身，令人折服。

Part II
創業與企業經營的實務

（波士頓市郊秋景）

創業人才與文化的建立，

如百年樹人，

必須深植於社會。

8
如何做好創業準備

（捷克布拉格）

劃時代的成功創業固然需要天時、地利與人和，

但是創業成功的神髓卻如同求學，

在於日積月累的自我充實求進步。

創業是經濟成長的原動力

我還記得，當我最初決定要離開安穩的美國公司副總裁職位，去追求我的創業夢想時，在台灣的親人要我「三思而行」。他們的想法就跟一般人一樣，總覺得放棄一個好公司的鐵飯碗十分冒險。其實，如果是參加一個前景良好的創業公司，它失敗的可能性，並不見得比一個比較成熟卻市場競爭激烈的公司來得高。尤其是在科技型的公司。科技每隔十至十五年就會經歷一次巨大的變革，而使公司存亡和市場佔有率重新排列組合，就像電腦巨人IBM在九〇年代初期一度面臨分解而雲消霧散的危機。至於美國電話電報公司（AT&T）今天雖然仍然存在，但在一連串的分家與遣散行動之後，也已經面目全非。更令人深省的是，我當年爲創業而離開的美國公司今天已不復存在！

我說這些話的意思是，世事本無常，沒有人可以準確的預測將來，但每個人都有聽到自己內心眞正想做的事的本能。日後的成功與否，往往繫於今天自己是否有嘗試的勇氣！做任何事都有風險，不過若參加或創始一個籌劃周詳而又有優越願景（vision）的新公司，並不一定就有很高的風險。有些人把「風險」和公司初創時七上八下的「波折」混爲一談，我不敢苟同，因爲初創的公司在站穩腳步之前，很自然的會經歷許多高潮沖擊的喜悅和低潮縈繞的焦慮，而這些「波折」與在公司上班所面臨的挑戰並沒有太多的不同。

我相信一個新創的科技公司如果符合下面三個條件，則它成功的機會就相當不錯：

1.公司有一個攻佔市場先機的產品構想嗎？

2.公司有一個頗具創投經驗的領導團隊嗎？

3.公司是否已經獲得一個強有力的創投基金或投資集團大力支持？

同時，你有沒有思考過，一個眞正成功的創業家的定義是什麼呢？是創造財富的大小？是發展出劃時代產品的人？或是許許多多眞正創造經濟奇蹟的中小企業創業者？條條大路通羅馬。我覺得成功的定義不應僅侷限在某些特定領域的開拓，或是以公司營業額的大小爲衡量的準則。其實，創業只是一種從無到有的產業創造過程，它最終的目標，在於藉創業投資，促使社會經濟總產值增加，或是間接的提升生產力，並在過程當中，製造許多新的就業機會。這種種都是創業者與投資者聯手創造投資的成果。而這種從無到有的過程，靠的是無數前仆後繼的創業者的開疆拓土，日復一日，慘澹經營，而且隨時面臨著失敗可能性的威脅。

既然失敗的可能性高，那麼爲什麼鼓勵創業還是這麼重要呢？最主要是因爲，創業本身實際上是產業持續成長最重要的原動力。即使失敗的可能性較高，但是往往成功的創業例子卻製造了新的社會財富，這不但足以彌補失敗的損失，更足以爲社會提供新的投資資金，進而推動經濟的成長，生生不息。

舉美國爲例，最近的人力統計結果顯示：百分之四十的就業機會是由成立不滿五年的公司提供。在這同時，我們更要瞭解的是，在下游產業不斷外移的壓力之下，美國經濟之所以能一直維持成長的眞正原因，完全是拜產業層次不斷的提升之賜，而這個要素幕後的功臣就是創業投資。他山之石可以攻錯，美國對於產業外移的因應之策，可爲台灣借鏡的地方很多。

劃時代的成功創業需要「天時」、「地利」、「人和」

所以成功創業家的培養，與社會的環境、創投的生態，乃至教育系統的重視創投，都有很直接的關係。這就是爲什麼像日本與西歐的國家富裕，卻不能使創投生根的原因。西歐優渥的社會制度由於過度追求人與人之間的平等，使得創業應得到的獎勵喪失殆盡，而日本文化過度的注重團隊運作，卻導致創新的環境不容易生根。培養一個成功的創業家，雖然有許多可循的準則，但是成就一個劃時代的成功創業家，靠的卻是「天時」、「地利」與「人和」同時激盪所擦出來的火花。

「天時」——

我們可以研究一下微軟的創辦人比爾·蓋茲的故事。他生逢其時，處在PC產業萌芽的階段，因得以掌握與IBM合作的先機而促成大業。甲骨文公司的創辦人賴利·艾利生因爲抓準了電腦資料庫軟體在開放性平台的發展，而一口氣創造了一個劃時代的軟體公司。宏碁的施振榮先生則因爲追求PC品牌的夢，而抓住PC的代工市場，進而發展創造了台灣最大企業之一。這些都是可遇而不可求，剛好碰上一個「天時」性大轉機的創業例子。

「地利」——

成功的創業家往往在非常年輕的時候，就已展露出他們探索的本能與開創的熱忱。微軟的創辦人蓋茲、蘋果電腦創辦人賈布斯與甲骨文的創辦人艾利生，他們三位先生可以說是資訊時代最具有代表性的人物，但是都是大學還沒唸完就出來闖蕩江湖的怪才。也就是說，創業家往往有探險的本能，對於探險所帶來難以預估的挑戰，他們甘之如飴，在困境裡依然生氣蓬勃，審愼樂觀，愈戰愈勇。他們不會輕易受到挫折的影響而患得患失，他們習於在患難中生存，在他們的字典裡沒有「失敗」這個字眼，只有「遲來的成功」。他們不滿現狀而尋求突破。他們不屑於安穩的鐵飯碗，而永遠在追尋下一個尚未達成的目標。試想，如果他們生長在一個過於重視學位的環境裡，他們還可能有今天的成就嗎？就是由於他們成長的地方，具有創業勝於學位的文化特質，再加上社會的鼓勵與資金的配合，足以爲有夢想的人提供一個可以實現理想的途徑。這就是所謂的「地利」。

「人和」——

創業固然啓始於創業者的靈感與探索的勇氣，但要能創業成功，卻都是因爲在創業者的背後，有一組堅強互補，能在一起同心協力的創業團隊。換句話說，這是一種團體遊戲，最重要的是人與人之間的協調與融合，也就是所謂的「人和」。微軟的兩位創辦人蓋茲與龐摩，數十年來合作無間，各施所長，終於促成了微軟的世代性豐功偉業。相反的，蘋果電腦創辦人史地夫・賈布斯因與董事會決裂而造成了公司策略的迷失，實難辭其咎。其實，「人和」指的不只是領導階層間的合作互補，而且廣義的指公司各階層能各司所職，各盡其力，與公司上下階層之間的協調。台積電的成功不單是因爲張忠謀先生的卓越領導，更是公司上下同心協力的結果。

認識自己追求創業的眞正目的

也許你會覺得這個問題有點多餘，但是你在憧憬自己獨當一面，創業奮鬥，前途無限的生涯的同時,有沒有想過自己追求創業眞正的目的,眞正的動機爲何?是爲理想嗎?或者是爲它所可能帶來的財富?或者只是那出自內心，「寧爲雞首，不爲牛後」，對創業的挑戰性感到衝動的感覺在作祟?

我想大部分人創業的動機之一，是爲了它所可能帶來的個人財富與日後生活的保障;這種想法是人求生的本能之一，無可厚非。但是創業很可能是一條長遠曲折的路，路途中可能埋伏了打擊與障礙，所以成敗難料，更別說豐富回收的保證。再說，其實財富只是一個執行良好的創業的果實。換句話說，執行良好的創業是「因」，財富是自然隨之而來的「果」，因果不可倒置。所以每次我談到這個問題，我都勸創業者在初創之時，不要把心思過度沉浸在回收時機的揣測，因爲這種事無法逆料，憑空揣測只有徒增平日作業的分神。

其實眞正有大成就的創業家都有一種對創業無比的熱忱。也正因爲如此，他們在碰到困境時，擁有一般人所沒有的堅忍毅力，所以往往可以脫穎而出，成他人所不能成的大業。五〇年代的英國長跑健將羅吉・班尼斯特（Roger Bannister）曾是世界長跑紀錄的保持人，經常有人問他屢創佳績的秘訣。他說：「一個能在長跑接近體能極限時，以別人所不能的毅力來驅策自己的運動員，往往是最終的勝利者。」羅吉這句話不正是成功創業者的最佳心理寫照嗎？在羅吉打破世界紀錄的一次比賽後，他說：「天啊，我沒想到破紀錄會這麼苦！」任何的競賽不僅是一種體能的競爭，更是一種挑戰自己毅力的心理戰。如果要成他人所不能成的大業，一定要有他人所沒有的堅持與毅力，而要攀上一個新的高峰，一定要在開始的時候就有達成的信心。

創業之前，理應對各種利弊深思熟慮，而且最重要的是要考慮家人的支持。我在創業的過程中也深深的感受到，那些表現優異的員工背後，都有一個強而有力的家庭在默默的支持他們。因此，在他們爲產品研發而數日不眠不休的時刻，他們的家人就默默的在旁邊幫他們承當他們暫時無法執行的家庭角色。這也就是爲什麼每次核心的創業團隊面談，我都要先問他們，家人對他們創業決定的支持程度。

創業家的特質

有些人終其一生，只在盼望有朝一日，他們的夢想能夠成眞。而一個成功的創業家則不然。他們是天生的「逐夢者」。他們沒有等待的時間與耐性，因此他們極其一生精力都花在去「創造」，去「完成」他們的夢想。此外，創業的準備並不是在決定要創業之後才開始的，而應該在自己成長的過程中，儘早想淸楚自己創業的意願而未雨綢繆，以便逐步而有規畫的擴展自己有關方面的經驗，以取得優勢。大體而論，創業者需要：

- 培養洞燭先機的能力與技術背景
- 培養能夠預測外在市場與競爭者消長的能力
- 培養臨危不亂，果斷處理危機的能力
- 培養創業團隊領導統御的能力
- 培養推銷自己願景與溝通的能力
- 具備在最艱難的時刻堅持奮鬥到底的毅力

從上述的重點裡可以理出一些成功創業者的人格與特質：果斷，有遠見，觀察細微，有領導能力，是個天生的行銷專家，有無比的毅力。但是成功的創業家並不一定是人格完美無缺的人。事實上，經常有許多造成他們成功的性格與特質，也同時變成了他們在其他方面發展的絆腳石。

成功的創業家多半是一個出類拔萃的領導者，像一個天生要衝鋒陷陣的將領，當大家舉棋不定的時候，他能站起來指出前進的方向，並身先士卒的帶頭前進。他們以身作則，不要求別人做自己做不到的事。他們先天下之憂而憂，後天下之樂而樂。因此，不論轉戰何處，他們總是很快就吸引了許多專才的追隨。微軟創辦人比爾・蓋茲就是一個卓越的領導者。許多人以爲蓋茲只是生逢其時才成爲世界的首富。其實微軟的公司歷史裡充滿了許多危機，卻都因爲蓋茲的領導而化險爲夷。

成功的創業家也多半是一個商場上的戰略者。他們善用心理的沙盤推演，準確的預測競爭對手何時出招，如何出招，未雨綢繆。美國鋼鐵大王實業家卡內基（Carnegie）從小就展露了他在這方面的才華。有一個小故事，講到當年的卡內基：

有一次跟著母親到市場去，走到一處水果攤前，卡內基停了下來，眼睛直望著一籃櫻桃。

這時，老闆看見這個可愛的小男孩，便說了：「小弟弟，抓一把去吃，不要錢的。」

卡內基猶豫了一下，並沒有伸出手去拿櫻桃。

「小弟弟，你不喜歡櫻桃嗎？」老闆問卡內基。

「我很喜歡櫻桃。」卡內基回答說。

「那就抓一把去，不收你的錢。」老闆說道。

「老闆對你這麼好，你就拿一把吧。」卡內基的母親也那麼說。不過卡內基仍然沒有伸出手去。

這時老闆反而覺得很不好意思，匆匆抓了一把櫻桃塞在卡內基的口袋裡，說道：「拿去吧，小弟弟！」於是卡內基歡喜的跟著母親走了。

回家的路上，母親疑惑的問卡內基：「剛才老闆對你那麼好，你怎麼不去拿呢？」卡內基的回答是：「可是老闆的手比較大啊！」

成功的創業家多半有過人的觀察力，而且做決定十分果斷，甚至有些近乎瑕疵的頑固執著。這種特性使他們在遇到困難時，堅忍不拔，但在大勢已去時，卻可能仍然頑固抗拒。

成功的創業家多半有樂觀的特質。他們藉這種心理的力量，度過最艱難的時刻，忍受他人所不能忍受的煎熬。同樣地，他們樂觀的天性，有時也可能使他們在關鍵的時刻，低估了處境的險惡而茫然無知。

成功的創業家多半擅長分析一件事情的前因後果，而且對事情有強烈的主見。但同時，他們強烈的主觀性也可能造成他們不易接受其他不同的意見。

成功的創業家多半有「做夢」的本能。他們能藉著先天敏銳的觀察力洞燭先機，延攬團隊所需要的「千里駒」，並且有三寸不爛之舌，能夠說服上駟之才加入團隊。

成功的創業家多半有自知之明，知道自己的長處與短處，知道如何善用他人以收截長補短之功。他們深切的認知，重要的不是自己是否無所不知，無所不曉；重要的是團隊是否完整，正所謂「三個臭皮匠勝過一個諸葛亮」也。

成功的創業家多半是一個能夠裏外兼顧的通才，而非只能駕馭某一特定領域的專才，因爲一個成功的創業點子，往往是許多不同領域的知識融合起來的結晶，而絕非某單一領域的突破。此外，通常一個傑出的創業家除了精通技術層次的問題外，也對市場的走向與客戶的需求瞭如指掌。一個創業者若能經營自己創造的企業，通常有很深的經營哲學。事實上，許多最成功的科技公司都是由擁有技術工程背景的創辦人領軍。

回顧我的創業心路

我是一個創業「晚成」的人，在過了「四十而不惑」後又等了五年才開始起跑。我是在創業以後才「發現」自己，從此樂此道而不疲。即使已經走過了一大段的創業路，到今天我仍然還覺得有許多時候我還在繼續「發現」自己。所以我要強調的是，創業要先有嘗試的勇氣。沒有人可以眞正知道自己的潛力和極限，除非你有不斷探索的勇氣和毅力。這就是美式企業文化裡所用「每一個人在公司裡都有一條昇遷之路，這條路一直延伸到他個人能力的極限」的所謂彼得定律（Peter's Principle）①和「你無法對自己不知道的危險加以防範」②的至理名言。

對於之前在美國高科技公司十八年的上班族職業生涯我並不後悔。因爲現在我明白了，公司初創難，但創立以後的管理更難。幸而我在大公司的管理經驗，幫助我在公司成長的過程中得以淸楚的預測我們可能會遭遇的瓶頸，也因爲自己曾有操作數億美元業

---

①"You will keep getting promoted until you reach your level of incompetence."

②"You don't know what you don't know."

務的經驗，才能爲公司未雨綢繆。

我覺得一個人對周遭發生的事件的判斷力，是一種日積月累，不斷自我修正的思維。雖然我從來沒有在市場和行銷部門任職過，我卻喜歡針對許多公司的市場策略，和上司所做的決定，自行反覆虛擬思考，並在日後再與眞正的結果相比；一旦發現自己的結論與事後眞正的結局相左，則我會再次分析自己思維過程中問題偏差的癥結所在。

讀一篇報導，我常有的第一個反應是：這會不會改變現有的遊戲規則？因爲，尋找「變源」，是能否「洞燭先機」的最大原因。同時我也覺得，聆聽他人的意見，對自己的一些看法經常會有突破性的啓發，所以我總是聽的時候多，能不說話就不說話。

我對新的科技發展一直有很大的興趣，但是我總是以自己專業的知識爲本，從而逐步的擴充，鮮少一步就涉及一個全新的領域。從創業者的眼光來說，尋找新的領域，爲的是能夠尋找新舊組合的新商機。往往一個單獨的新領域會因爲「過度明顯」，反而像「招蜂引蝶」一樣，吸引了一大批盲目的新科技追求者。

長久以來，我深深的感覺大部分的人在思考的過程裡，經常會把自己深陷在細節的陷阱裡，反而不能「退一步海闊天空」，眞正看清楚大局勢的變遷暗流。因此，如果細節可以避免時，我通常都是盡量避免，以免思緒阻塞。

成功的創業家有一般人所沒有的破釜沉舟的決心。他們會爲創業而毅然辭去優渥的現職，而不會心存觀望的眷戀任職公司裡的既有名利。

成功的創業家多半是一個天生的好推銷員。他們口若懸河，令人折服，論點無懈可擊，讓人覺得是個天生的辯論家。同樣地，當他們對某些事情的看法有偏差時，別人很難說得過他們。因此最好的創業家往往還要有聆聽別人的耐性。

成功的創業家多半是有遠見的人。他們把視野放寬放遠，爲的是能夠掌握大趨勢。事實上，優越的市場視野，最主要源於個人敏銳的觀察，加上一些旁敲側擊的分析功夫，把一些別人看起來互不相干的東西，由「點」連成「線」，再由「線」連成「面」，交織成一個完整的思考網。舉例說，今天網站所用的瀏覽器，在伊利諾大學發展出來的時候，原本只是被用來把電腦裡的資料，以一種比較適合個人電腦終端機圖形顯現能力的方法表現出來。這種情況持續了一兩年，一直到一九九五年，才被史丹福大學教授出身的傑米．克拉克所創辦的網景公司，發展成今天的網站技術，進而帶動了往後一世代的網路革命。所以有些人常以「見樹不見林」(See the Trees, Not the Forest) 來形容一些近在眼前卻又「視而不見」的先機。

失敗不可怕，怕的是不能從失敗中學到教訓

成功的創業家多半有過失敗或遭遇挫折的經驗，與一般人不同的是，他們從失敗中學習，作爲再出發前的教訓。我因爲二次創業成功，尤其是箭點公司與思科的五十七億美元兼併案，使得許多人以爲我是天生的「點石成金」的創業家。其實，我在一九九一年離開了精華電腦之後，曾嘗試創業。我心想：以我在精華電腦的完整研發管理資歷，創投公司一定會對我青睞，沒想到我卻吃了閉門羹，在嘗試創業三個月後，才知道我在大公司學到的研發管理並不表示我已有健全的創業準備。現在回首反思自己當年的企劃案，才看清楚我犯的所有錯誤。譬如說：

1.我的「創業團隊」核心人員都另有一個全薪的工作，而且沒有人有過創業經驗。
2.我的產品定位定價與我的行銷模式相牴觸。
3.我沒有創業或行銷經驗，卻把自己放在CEO的位子上。
4.我的產品架構因爲沒有深入研討而顯得浮華不實。
5.我犯了一般人常犯的以「薄利多銷」取勝的錯誤競爭對策。

從這次的挫折裏，我才下定決心，加入一家小公司學習公司的全面運作，一直到一九九五年在一個偶然的機會裡認識了已經有創業經驗的創業家陳五福先生，才從此踏上我的創業路。

一個成功的創業家通常都具有領導、堅毅、遠見、熱忱、敏銳的觀察力和人與人之間的良好溝通技巧。所以他們在創業成功後，往往繼續奔馳，或者像施振榮先生一樣，把他手創的公司發展成一個國際性的集團公司；或者像雅虎的楊致遠一樣，繼續他原來創辦人的角色，而成爲公司科技走向的代言人；或者像陳五福先生一樣，在創業的領域裡不斷的挑戰自己。

認識自己，才能及早未雨綢繆

一個成功的創業家通常對他們創業的理想，早在剛起步時，就已經有了一個完整的輪廓。他們深知自己的長短處，常常未雨綢繆，有規劃地去學習他們自己需要加強的地方。陳五福先生在美國研究所畢業後的第一個工作，不是當時人人嚮往的貝爾實驗室(Bell Labs)，而是去了一家小公司做與客戶直接接觸的產品售後服務的工作，爲的只是要加強他對客戶需求的了解。思科總裁約翰・錢伯斯從小就有閱讀的困難，但他日後不但克服了這個缺陷，還成爲網路走向的權威之一。

一般人在創業之前，常有一種「技術掛帥」的錯誤觀念，以爲只要有 idea，加上自己的技術專業背景就可以成功。事實上，最成功的創業家通常都是「能文能武」，既能掌握本行專業，也可以輕易的掌握市場走向，更往往自己就是公司裡最好的推銷員！

市場先機往往隱藏在公認的大方向之外

經常在演講的場合裡有人問我，平常都是看那些科技資料和報導來塑造自己的市場觀。每次聽到這個問題，我都反問他們：如果從市場分析師的報告裡就可以找到自己創業應走的產品發展方向的話，那些分析師爲什麼不把自己分析的結論拿去創業呢？聽了我這一段話後，會場總是響起一陣會心的笑聲。我的意思是，市場報告最主要是對已經發生的事加以分析，而不是對未來的預測。再說，可能讀同一個報告的人何其多。如果每一個人在讀了之後都有同樣的創業念頭，那這些同樣的產品的坎坷命運，指日可待。

從下面的市場分析實例可以清楚的證明我所說的：

1.第三代無線通信技術（3G）多年來被分析師說成是左右未來無線數據傳輸的重點技術，而在數十億美元創投資金的盲目注入後，才發現二〇〇三年的3G市場總值微乎其微，而且市場的行銷幾乎完全被大廠商壟斷。從這個例子可以看到，預測技術的可能市場價值遠比預測市場來臨時機容易得多。第三代無線通信技術固然重要，問題是市場的成熟比預計晚了至少三年！

2.寬頻網路在網路泡沫之前被分析師定位爲殺手網路技術，而造成一窩風的盲目投資。結果造成產品的市場價格急遽下跌，許多公司因無利可圖，收支失衡而解體。其實寬頻網路確實如預期的發生了，只是發生的時間晚了三到五年，而且發生時因爲投資過度而造成產品賤價求售，業者無利可圖。反而讓下游的行動手機與寬頻多媒體內容傳輸業者，因寬頻網路而漁翁得利，大賺加值服務費，眞是前人種樹，後人乘涼！

3.網路泡沫前，美國有數萬個商務網站。今天只剩極少數的網站因收支平衡而繼續生存。商務e化固然是個不可逆轉的洪流，但是卻不能取代傳統的商業活動。造成這個世紀泡沫的始作俑者正是懷有私心的華爾街市場分析師！

原創者對於自己的公司有一份永恆的關懷

創業者和他們創立的公司有一種永恆的感情，歷久彌新。IBM的原創人Watson從IBM退休數十年後，還經常在談話時無意中把IBM說成「我的公司」。這話當然只是一個原創者對他創立的公司一種「視如己出」的感情自然流露，但是創業者和公司的關係，在公司的發展歷史過程之中，會因時間與客觀環境的轉變而不同。

自己創立的公司並不表示公司就可以「據爲私有」。事實上，創始者往往會在公司成長到一個階段後，就因公司的成功而必須把領導權轉讓給專業的CEO。這是一個創業者在創業前就應該有的心理準備。當然這種領導權的轉移是因人而異的。微軟的創辦人比爾・蓋茲就是一個創辦人成功轉型的總裁。蓋茲所以會是個卓越的領導人才，是因爲他集願景、市場策略和行銷的專長於一身。所以創業前的準備，應著重在自己專長之外的知識和判斷能力的增長與加強。

不論原創辦人在公司的角色在日後怎麼轉變，他對公司的文化和做事的態度都有深遠的影響。蓋茲雖然已經不是微軟的總裁，這並沒有減少別人對他的敬重。一個眞正的領導者憑藉的不是他們的頭銜。眞正讓人信服追隨的，是他們的高瞻遠矚和啓發他人的能力。

原創者應有公司的成功超越自己經營能力的心理準備

當一個公司達到全盛的高峰時，也往往是它面臨一個嚴峻的轉捩點的時候。一個成功的公司往往有一個卓越而有先見的創始者，他「先公司之憂而憂」，使公司在平靜中度過風暴。昇平的景象會讓人對危機變得麻木，這是爲什麼一般公司無法維持長期盛世的原因。因此公司必須經常保持一定的「危機意識」與「勝而不驕」的企業文化。

一個公司在成長的過程裡，大抵會經過三個階段，而每一個階段由於重點轉移，可能會引起公司領導階層的變動。

- 第一個階段是**產品開發時期**。在這個時期裡，由於公司的重心在於研發，所以公司的領導任務往往就落在有技術背景的創辦人身上。其實，這種安排在公司初創時，也許比過早引進一個以行銷導向的空降總裁來得適當。我之所以如此認爲，最主要是因爲一個創業團隊爲了突破產品研發的瓶頸，通常需要有創造發明的自由空間，而一個行銷導向的領導者反而有可能因爲本身的背景和專長，而使得產品團隊受到一些無謂的牽絆。

●第二個階段是**市場開發時期**。這個階段最重要的是把初期的研發，加以「產品化」。這個階段往往是許多台灣的高科技創投忽視的重要一環，而因此導致產品定位定價偏差，種下日後產品行銷的困境。所以創辦人在構思創業團隊時，必須適時引進市場專業人才，儘量避免用技術背景開創團隊的人代打。

●第三個階段是**行銷開發時期**。這個時期往往是一個公司成功轉型的關鍵點。就在這個階段裡，公司會從一個研發導向的公司變成一個以行銷爲主的組織。

每一個公司所經歷的階段和每一個階段的長短各異，但是大部分公司在第三個階段裏都會面臨一些領導權轉移的挑戰。

在公司演變的過程當中，創辦人的角色也會隨著自己的專長而變，而其中最困難的演變就是在公司的成長超過了創辦人的經營能力的時候。因爲在這個關鍵時刻，創辦人可能要把自己親手餵養大的公司，拱手讓給一個外來的專業CEO，因而產生心理上的掙扎。

原創人應把公司利益放在個人之上

以我個人的經驗來說，我擔任於一九九七年自創的箭點公司的CEO，最主要也是因爲自己「寧爲雞首，不爲牛尾」的想法而起。事實上，這種想法在今天想起來，顯然有某種程度的「自我觀念」在內，連我自己回首當年，也都不以爲然。然而，從這三年的磨練之中也讓我眞正體會到當CEO時那種「高處不勝寒」的孤獨與無助，還有對公司員工的道義責任。每一個公司創辦者，在公司成功之後所面對最嚴肅的問題是：公司的成長是否已經超越自己的能力，而應讓位給專業的CEO接手？我有幸在箭點的最後半年，找到了一位能和我相輔相成的COO，使箭點在面對上市和併購方面許多關鍵性的策略上脫穎而出。每一個人都應該去做自己最能勝任，而且能不斷挑戰自己的事，但不應因爲對自我過分強求，而導致公司無法達成它的目標。

楊致遠的雅虎在初創時期，因爲創辦人的企業經驗有限，所以公司裡的創投資金合夥人決定一開始就引進一個對市場開發有經驗的總裁提孟希·庫克（Timothy Koogle）來與年輕的技術創辦人相搭配。這個決定使雅虎迅速而成功的渡過公司發展的前兩個階段，一直到二〇〇二年中網路泡沫發生爲止。那時候網站的行銷營收模式正在經歷一個激烈的變革。原先雅虎依靠的網站搜尋和線上廣告營收正隨著網路泡沫而迅速消失。雅虎的董事會在這時做了一個很不受員工歡迎的決定，把深受員工喜愛的總裁庫克辭退，從好萊塢引進娛樂業的老兵泰瑞・席梅爾（Terry Semel），在兩年內把雅虎重新打造成一個新世代的寬頻內容服務網站，使得公司在二〇〇三年獲利成長四倍，突破二億美元。

我們從以上種種的例子學到，創辦人在自己創立的公司內的角色，可能隨著公司的成長與需要而改變。重要的是，當改變來臨的時候，不論改變是否稱心如意，創辦人應以公司與員工的福利爲重，把私心擱置一旁。

創業是一種對於理想無條件的追求，而因創業所帶來的財富，應該只是一個意外的驚喜。唯其如此，才能眞正享受創業的樂趣。希望有心創業的你也願當一個永遠的逐夢者。

9
創業資金的籌措

（台灣阿里山）

創業者與投資者本應一體，

但如果兩者不能合一，

則應合作無間，相輔相成，猶如同體。

創業者與投資者相輔相成

創業者與投資者之間，有唇齒相倚的互依性，兩者缺一不可。同時，因爲投資者總是以投資回報爲重，而創業者總是希望以最少的公司股份換取最多的資金，他們之間似乎有一種「亦敵亦友」複雜微妙的情結。綜觀成功企業的崛起，其中固然不乏自力更生，不依靠外來資金而成大業的例子，但是這種例子不多，尤其是在講究先機的高科技產業。

其實，最理想的創業者與投資者關係，是一種「合夥人」的關係，一種在患難時能互相扶持的「親密夥伴」關係。創業者最理想的投資夥伴，是在公司最低潮的時候，以最堅定的態度與資金支持公司的投資者，而不一定是在公司聚資時以最優厚的條件入股的投資者。反過來說，投資者最理想的創業夥伴，是把投資者的資金看成像自己的資金一樣愛惜，又把公司利益置於個人利益之上的創業者。我在美西有一位資深的創業朋友，花了十年的時間，以自己的人力物力把公司發展成一個深俱潛力的高成長公司，卻不幸在網路泡沫後，擴張過度，收支失衡。這時候，他的一位投資者眼見有機可趁，竟藉著提供公司貸款的機會，把大部分的公司股權硬是呑了下來。這位投資者當初之得以入股，靠的就是較優厚的條件。公司經過這場巨變後，元氣大傷，十年的耕耘幾乎毀於一旦。

創業者對於公司資金的需求，在公司初創時就應有一個全盤的規劃，尤其是第一輪資金的大小、公司收支平衡的時間表與資金需求的總額。第一輪資金的大小與產品專注的市場往往決定投資者的興趣，而資金需求的總額又往往決定公司需要的投資群有多大。一般而言，一個優越的創投企劃案應有在二至三年創造十倍以上回收的潛力。相對來講，一個回報率與一般投資相若的創投案就不是一個很好的投資。

科技投資的週期性

在過去二、三十年來，科技創投

楷模創投基金投資回報

公司名稱	投資總額 （單位:百萬美元）	投資回報 （單位:百萬美元）
phone.com	3	461
Turnstone	5	549
WatchGuard	5	85
Sonus	8	502
Copper Mountain	4	258
SilverStream	5	42
beFree	9	83
Alteon	7	249
onDisplay	6	138
ArrowPoint	11	975
Sycamore	9	3,350

基金的平均年回報率，雖然比一般非風險性投資爲佳，但是卻曾數度因科技世代交替的洪流，而大起大落。最近的一次高回報期是在一九九五到二〇〇〇年之間，創投基金和創投從業人數一瞬間成長了數倍。在這時期最成功的創投基金之一，就屬美國有名的楷模創投基金（Matrix Partners），在一九九七到一九九九年的兩年內，投資了一億兩千萬美元於二十幾家公司，而創造了七十七億美元的驚人回報。楷模基金的最成功投資案爲菩提樹公司（Sycamore Neworks），投了九百萬美元卻回收了三十三億美元。換句話說，兩年的回收率爲三百三十倍！相對的，楷模基金投了一千一百萬美元在我創立的箭點公司，卻「只有」十億美元，也就是一百倍左右的回收。如果你有幸在當年的楷模創投基金投入一萬六千美元，你今天已是百萬富翁。

1980-2000風險創投資金的成長

	1980	1990	2000
創投資金總數	87	375	693
創投業就業總數	1035	3794	8368
新初創基金總數	24	14	164
全年基金總數	57	82	497
創投基金總額（單位：10億美元）	2.08	3.20	105.05
平均基金額（單位：百萬美元）	36.5	39.0	211.4

（資料來源：NVCA Yearbook 2001; Venture Economics）

但是風水輪流轉，二〇〇〇年網路泡沫後，創投基金受到股值飆漲和高回收報酬率的影響，一窩風的重複投資，造成了二〇〇〇年至二〇〇三年每年平均二十五%左右的虧損，而楷模創投基金的回收率也因此一落千丈。

就是因爲天有不測風雲，有許多創業者無法控制的經濟因素，可能在公司創業的腳步尚未站穩的時候發生，所以資金的籌措對象，應以有能力在經濟風暴下繼續注入資本的投資者爲優先，並盡量選擇兩個以上的強力首輪投資者。除此之外，投資者的「投資品德」和「患難與共」的人格都是不可忽視的考量。楷模創投基金成功的背後是它的創辦人保羅‧費利（Paul Feri）。其實費利對科技走向與先進技術一竅不通，但卻是個識「千里駒」的「伯樂」。他之所以成功就是因爲他對待旗下的公司創辦人與經營團隊，有大家信服的投資品德與超脫的人格。

在當前的大環境裡，科技投資不僅和企業營運有唇齒相倚般的密切關係，而且也與企業信心和消費景氣息息相關。一般而言，科技投資比企業投資更必須「逆流而上」；換句話說，最成功的科技投資，往往是在最差的大環境下產生的。也正因爲具有能力看得到別人所看不到的願景，在別人不敢投資的情況下，勇敢向前，才能對日後市場造成劇烈震撼，並使競爭對手措手不及。因此，網路泡沫後的創投，只要是能把握住科技走向的好案子，應該大膽的下注，而不要「隨波逐流」，把資金過分集中在「便宜」的改造公司（Restarted Companies）。加州著名的創投公司 Kleiner Perkins 與 Sequoia 在一九九九年網路革命最高峰時，同時各自投了一千萬美元於搜尋網站 Google。不久，網路泡沫在二〇〇〇年初爆發，但是這並沒有使這些投資者退卻。四年後的今天，Google 已成長成一個年營業額超過十億美元的大公司，它在二〇〇四年中上市的市值可能高達兩百億美元，而當年的一千萬美元投資將有二十億美元的回報！

創投基金在網路泡沫後又回到舊的創投原則，著重於可以大幅增強企業生產力（productivity）或可以減少ＩＴ開銷的中小資金需求企劃案。這種現象可能會持續數年，所以有心創業人士要多加注意。

創投基金多半有專注投資領域，「進場時間」也有早晚之別

每一個創投基金都有不同的專業領域、不同的投資總額限制和資金投注的時期選擇。所以在選擇創投基金合作對象時，要把這些背景資料先調查清楚，以免浪費許多不必要的時間而毫無進展。選創投基金最重要的是選特定的創投合夥人，因為每一個創投合夥人都有他們專攻的領域。當然，如果有人可以代為介紹，也可以單刀直入，避免浪

費寶貴的人力物力。

因爲科技創投涵蓋的範圍甚廣，而且不論是生命科學、奈米技術、半導體或電信網路，每一個領域都需要非常深入的專業知識和人脈，才能拔得頭籌，一舉成功，所以大部分的早期創投基金（Early Stage Funds）都只專注在幾個特定的領域上。正因如此，創投投資有所謂的主副之分（Lead Investor vs. Co-investor），創業者在第一次籌錢的時候應從主投資家開始。至於第二輪以後的資金籌措，則較偏重於吸引較大的晚期投資基金，一來因爲這些投資基金以投資爲主，二來他們本身並沒有太深的科技專業知識，所以只在他們信賴的早期投資家決定投資以後才進場。

由於近年資金難求，可能的話，創業資金籌措應在第一輪加碼，以使公司產品研發可以有長足的進展，進而提高第二輪投資基金的興趣。同時如果可能的話，盡量把投資資金來源分散，以免萬一某些創投資金運作發生困難而造成影響。

創投資金的來源很多，不過大致可以分成以下四類：

1. **創投基金**（Venture Funds）

創投基金通常由一些專業的創投合夥人，以投資經理的角色，向外募集而來。創投基金的來源很多，包括退休基金、大學信託基金、保險公司投資資金和像高盛（Goldman Sachs）等投資銀行的私人技術資金等。換句話說，創投合夥人扮演的多半是投資管理與投資案評估的角色，而非眞正的資本家。

2. **創投天使**（Investment Angels）

創投天使基金通常是由一群富有的個人投資者集合起來的小型投資組織。因爲總資金有限，創投天使基金都偏重小的投資案，並常要求直接參與創業團隊的運作。

3. **私人或創辦人自行投資**（Private Investors）

私人投資者以富有的創辦人或親朋好友居多。一般而言，這一類的投資者只集中於投資和自己有直接或間接關係的投資案。這類投資者在美國受到相關法律的「保護」，爲的是避免無知的投資人因爲投資私人公司而導致傾家蕩產，但這種集資方式在台灣卻十分普遍。

4. **企業轉投資**（Corporate Investors）

這類投資在歐美只有陪襯性的份量，但在台灣卻往往是資金的主要來源。美國的企業創投通常侷限於與自己企業有互補策略的公司爲主，而且常常爲了投資公司的獨立性，而自願的把投資的持股率自限在百分之十以下。相對的，兩岸的企業轉投資或企業交互投資往往包含著許多透明度低的投資目的，常給外人一種「不按排理出牌」的感覺。

資金既然有這麼多不同的來源，究竟應該如何取捨呢？一般而言，創投基金算是最正統的資金來源，也最適合願景遠大或資金需求額較大的企劃案。但是，因爲創投基金的運作，往往需要基金合夥人的同意，有可能需要較長或更完整的企劃案，才能獲得青睞。相對的，創投天使資金或私人資金比較適合小型的企劃案，但要避免投資者過度干預創業團隊的運作。非企業性的資金因爲純投資，靠的是投資公司被兼併或股票上櫃來回收，所以投資的總時間與總金額就變得非常重要。

兩岸的區域性投資特性

中國大陸的創投環境尚未成熟，最主要是大陸沒有一個完整的創投生態環境可以善用它龐大的工程與科學人才。所謂創投的生態環境，指的是軟性的層面，包括開放式的國際性資金與回收系統、政策性的創投鼓勵法律、私人企業創投基金與投資銀行體系的支持、智慧產權的保護，以及創投產品的國際市場與行銷人才。這種軟性的生態無法用硬性科學園區來取代，所以大陸至今仍停留在「創投代工」的階段，眞正做的是爲台灣與美國提供一個龐大又優秀的次創投人才庫。這也是爲什麼在大陸的國際創投案至今尚未製造出一個中國的國際性公司，而像搜狐與新浪網等大陸的成功網站公司的背後都可以看到國際基金與股市的影子。

相對的，因爲擁有一個完全開放而完整的創投生態，台灣創投環境已經變成美國創投體系在台灣與亞洲的延伸體，資金與智慧產的交流通暢無阻。一種「美國創造，兩岸設計，大陸生產」的新國際創投環境已儼然形成。最近矽谷橡子園（Acorn Campus）合夥創辦人陳五福與宏碁董事長施振榮在台灣合設創投基金，七年內投資六千萬美元，並正式邀請行政院開發基金入股。橡子園將是全球首家橫跨矽谷、台灣與大陸的創投基金。

台灣的資金來源與美國有相當的差異。美國的創投資金大部分來自私人投資資金、企業與政府退休金、私立大學基金與保險基金的轉投資，所以創投風險事實上是由整個國家經濟體來分擔，使得創投投資成爲一個專業獨立的投資體，不受某些特權份子的把持。相對的，台灣的許多資金直接來自企業與財團的轉投資。這種現象使投資的眼光變短，偏重近利，甚至使得新公司的營運與董事會運作不能充分獨立。

創業技術與資金的股份分配

技術股的分配除了直接受產品的突破性和創業團隊經驗的影響之外，更與收支平衡前的總投資額有關；換句話說，技術股的比率與所需的資金成反比。經常有人問我，他們可否以正在申請專利的技術要求投資者把技術股的比重加重。我通常都是語帶歉意地跟他們解釋，除非是個有市場創新或革命性的技術，否則的話，這種可能性很小。但是，有專利權的投資案卻可以提高投資者的信心與興趣。

技術基金的比重和分配並沒有一定的比率。不過，第一輪的投資者通常會要求過半的股權，而好的投資家不論自己已經注入的基金有多大，都會爲避免公司經營者的股權過分稀化，而自動把經營團隊擁有的股權維持在二〇%左右以上。

雖然創投的大環境已經相當的跨國化，兩岸的創投還是有些特殊的地方性。譬如，台灣的平均創投資本額較小，而且由大企業交互投資的比率相當高，也有許多代工製造業投資上游產品公司的例子。這種做法只要不影響公司經營團隊的獨立自主性，就不會影響公司日後的成功。反過來說，如果代工公司參與創投爲的是換取日後的製造代工，那麼這種交易就應詳加考量。

往往最成功的公司的幕後，都有強大的投資者支持。而最成功的公司，也往往是因爲創業者和創投業者可以合作無間，共創未來，並在最困難的時候互相支持。

讓創業團隊充分分享技術股權

創業成功的關鍵，繫於創業團隊的忠誠和同甘共苦的決心。因此，團隊股票購買權的分配是否公平、每個重要幹部的股份是否激勵了他們而產生強烈的求勝企圖心，這種種都是公司日後成功的先決條件。一般而言，員工股權的分配應該盡量透明化，而且應該事先說明，以免日後節外生枝，影響團隊的和諧。基本上，初創團隊的股權總和以不超過總股權的二十至二十五%爲原則，以便保留足夠的股權用來吸引日後公司擴張時所需的新員工。

許多創辦人也都將面臨自己持股比率多少才算公平的敏感問題。其實，針對這些問題，創投基金合夥人都有很豐富的經驗可以幫助我們，而且通常都有許多先例可循。所以，處置這方面的問題，最好的方法是先在創辦人（founders）之間達成一個互相之間的比率分配的共識，然後再與投資家討論公司整個股權的分配問題。

總之，創業資金的籌措不只是錢的問題。相反的，創業者與投資者之間合夥關係的開始，著重的是誠信與公平，而非對立的你搶我奪。創業者應有未雨綢繆的眼光，在公司最有利的時機集資，而非在公司營運已經發生困難時才臨時抱佛腳。創業者應了解，資金的籌措只是爲將來的成功鋪路，所以唯有善用有限的資金，才可以把成功的機會提高。

10
科技產品的開發

（愛琴海的日落）

科技產品雖然日新月異，
世代交替卻如滔滔江水，
始終生生不息。

行行出狀元，工商業的領域不分高下，只是專長有別，而影響的範圍也有不同而已。傳統的工商業，例如創設一個零售行銷網，或開一家百貨公司，靠的是一些實質的硬體設備，和固定行銷點的建立，因此對於客戶群的掌握、產品的熱賣與否，或者各種促銷策略的建立，都能直接掌握。相較之下，高科技創業追求的，往往是利用已經發展出來的產品，它的方式是促使一個商品的行銷或服務「上線化」（online access）或甚至主導導致行銷的完全e化，所以，高科技對經濟貿易的影響是全國性的，甚而是國際性的，無遠弗屆，絲毫不受硬體行銷網的限制。

譬如說，當今最熱門的網站搜尋引擎Google，是全世界許多上網消費者所常用，最熱門的搜尋工具，但它的總部事實上是在美國加州矽谷。Google藉著網站之間的虛擬化連線，協助全世界各地的網站用戶，不論他們想看的網站內容有多遙遠，都能即時的指引他們入網。從網站經營者的眼光來說，訴求的客戶群是世界性的，他們的營業時間是一周七天，一天二十四小時，全天候的，沒有晝夜之分，也沒有工作日與週末之別。

這也就是證明了，高科技的產品轉變了傳統企業，使之成爲全天候的「即時企業」。在這嶄新的大環境裡面，商業信息傳播無阻，需求與庫存緊密即時地相互掛鉤。傳統的人與人直接的交易雖然依舊繼續存在，但是許多交易運作卻業已大量自動化，把商業過程的人力減到最低。

達康公司的夢幻

我們在前面第五章裡，曾經談到產品構思的大原則。雖然這些原則都很容易懂，但是，許多創投的案子，在眞正執行的時候，卻又因爲對於某一些重要細節的疏忽，而導致在不知不覺中脫離了指導原則而終歸失敗。所以在產品構思這一階段的執行，一定要確實徹底，以免日後在投入了大量研發之後，卻又開始搖擺不定。

當然，產品願景的優劣，往往在一開始就已經注定了產品日後的成敗。我們可以看到有太多的公司產品，因爲願景的誤差，而造成多年來人力物力的浪費。這類例子，不勝枚舉。就以一九九五年到二〇〇〇年間，所謂的網路淘金泡沫時期來說，在當時最高峰時曾經有過多達五千家以上的達康公司；而至今，殘存的寥寥無幾。如果以平均每一個達康公司注入兩千萬美元來計算的話，五千家破產的達康公司總共約花掉了一千億美元投資者的血本！

以今天的眼光來分析，當時那種盲目瘋狂投資的現象十分明顯，但是當時那麼多有經驗和投資智慧的專業人士卻又爲什麼被蒙蔽了呢？其實說穿了，就是人性之中盲目追隨的心理作祟，一廂情願地覺得自己可能是幸運的少數勝利者，而同時又不能冷靜的衡量自己的實力，以及客觀的分析自己籌措的資金是否足以長期抗戰，奮鬥到底。更重要的是，達康公司的成功關鍵，主要是在於品牌的建立與市場的先機。如果能掌握這兩個籌碼，則公司的遠景就十分樂觀。反之，則如逆流而上，事倍功半，即使已經把大部分的時間和精力都花在與競爭對手抗爭，可是卻因爲對方擁有絕對的優勢而終究功敗垂成，未能突破局勢而成功。

盲目追求最新技術是一種常犯的錯誤

許多人有心從事科技創投，是因爲他們覺得自己最了解的是工程研發，所以對最新的科技，總是懷抱著莫名的喜悅和幻想，好像只要能掌握最新科技，就能掌握市場的先機一般。

然而問題是，許多市場的先機固然緣起於某一些新科技的應用，但是不容否認的，也有許多先進技術在最後卻都消聲匿跡，無疾而終。這中間最大的原因，是在於技術性以外的因素，例如「市場接受能力」有多大，以及能否突破行銷瓶頸，或是ＩＴ執行費用等等決定性的因素。

一九七〇年代錄影機開始流行的時候，日商新力（sony）的BETAMAX型錄影帶擁有技術上的優勢，然而最後還是不敵產品規格開放，市場佔有率較高的ＶＨＳ錄影帶。這就是一個「好科技不一定是贏家」的最佳例子。

熟悉網際網路技術發展史的人也許還記得，在九〇年代初期，網路技術出現了巨大的分歧。當時許多人都認爲傳統的電話公司，一定會獨霸逐漸崛起的網際網路，並依此推斷，唯有使用一個稱爲ＡＴＭ（Asynchronous Transfer Mode）的新技術將電話與數據網路結合起來，才能達成聲音傳播與數據傳播在電話公司網路裡相容並存的需求。而這個專有名詞因爲太新又太熱門，使得許多人錯把ＡＴＭ這個專有名詞解讀成銀行自動提款機（Automatic Teller Machine），鬧出很多笑話。

在當時，專家認爲既然網際網路的重要性與日俱增，這種新的ＡＴＭ技術一定會很快的改變整個電信科技版圖，甚至可能會把一切舊有技術都迅速的淘汰掉。於是許許多多ＡＴＭ的新公司如雨後春筍般的冒出來。也就在這個時候，由陳五福先生與印度裔的德斯潘德先生（Gururaj "Desh" Deshpande）在波士頓創辦的瀑布通訊公司（Cascade Communications）卻反其道而行，決定先發展一種稱爲Frame Relay的技術，此一技術雖然較成熟，但並不被看好。

結果人算不如天算，ATM技術因爲過於複雜而一再延誤，最後反倒促成了Frame Relay技術的拓展成功，獨領市場風騷數年，因而造就了一個劃時代的成功的高科技公司。此後，瀑布通訊公司又藉著公司的成功和ATM技術的逐漸成熟，這才涉足ATM市場，最後果然又一戰成名。

其實這位德斯潘德先生是一位相當戲劇性的響噹噹的人物。他出身於有名的印度理工學院（Indian Institute of Technology），在加拿大女皇大學（Queens University）得到博士學位，並任教一段時間之後，轉戰工業界。在他創辦瀑布通訊公司之前，曾經創辦過另一家高科技公司，但不幸失敗。所謂「失敗爲成功之母」，德斯潘德先生再一次出發，並且在大家不看好的情況下，洞燭先機，獲致成功。

德斯潘德先生在經過了這兩次征戰的寶貴經驗之後，又於一九九九年再度創高潮，把他第三次創業的菩提通訊公司上市，市值一度高達數百億美元，而他自己的身價也跟著水漲船高，最高曾經到達數十億美元。德斯潘德一直居住在美國麻州，飲水思源，於二〇〇一年捐了一億美元給麻省理工學院，成立了一個德斯潘德研究中心，致力於技術學術研究科學的應用轉移與發展。

有些高潛能的市場，卻往往因爲眾人垂涎，反而引發一種人爲的技術分裂。這種情形的最好的例子，就是今天當紅，如日中天的網路遊戲市場。這個市場因爲科技變換太快，使得市場盟主的位子在過去十年之中數度易手，一直到日商新力發展出第一代電腦遊戲專用的 Play Station I 以後，局勢才穩定下來。沒有想到的是微軟在自己的市場飽和之後，竟然意圖染指這塊大餅，推出了在技術上與 Play Station 不相容的ＸＢＯＸ。這場戰爭，最後鹿死誰手，尚不可知。

一般而言，一個突破性技術的訴求對象，或者是廣大的消費群，或者是有壟斷性的政府，或者是跨國大企業集團，那麼技術的選擇就應該以這群對象的選擇爲選擇。換句話說，既然技術不能決定市場的成敗，就不宜僅以技術的眼光來評估未來產品的潛力與方向。

偏差的 Myth：輕估一個舊產品技術的生存能力

當一個新產品被用來取代現有的產品的時候，那麼這個新產品的市場潛能，就完全取決於新舊產品交替期的快慢與長短。造成這種新舊產品交替週期長短最主要的原因之一，是企業在生產設備方面的投資，往往受到公司稅法與財務報表的報告原則限制，不能在短期內以折舊報損。

所以，能夠影響這個交替期長短的因素，往往與技術毫不相干，因爲產品設備的交替需要與企業IT預算高度相配合，通常會有一些擬定好的預算使用準則與時間表，所以不能因新設備而隨意更換。再說，就算新舊設備的相容性很高，可是一般企業在評估新設備的時候，總是從非常保守的角度來觀察，務求一切可能變更的風險均減到最低點。因此，評估一個新產品取代舊產品的能力時，必須力求保守。

考量一個新產品被接受的速度時，除了要探討企業結構上的一些作業規則與預算開銷等問題之外，往往還取決於這個新產品是否可以和其他相關產品搭配，相輔相容。譬如說，即使在伺服器價格直線下降的今天，依然在許多公司裏可以看到一些已經使用多年的大型迷你電腦（Mini-Computer）或IBM、惠普、昇陽等公司發展出來的舊電腦。這其中最大的原因，是因爲公司所仰賴的應用軟體，往往只能在某些電腦的操作系統上使用，而無法隨意更換。

偏差的Myth：輕估產品研發所需的人力與物力

產品研發時期是一個從無到有的拓荒時代，這其中隨時都充滿了不定的變數，而每一個變數，都可能影響研發的預算，與市場行銷的時間表。當然，一個好的研發團隊對於這些執行上的細節通常都能加以掌握。比較常見的錯誤反而是發生在這之前，在最初決定產品的大綱與產品的競爭力的當時。許多初創者往往爲了提高產品競爭力，卻又因爲產品本身實在沒有太多新的創意，所以不知不覺的走上了以量取勝的陷阱。

問題的關鍵是，產品的開發量愈大，開發投下的資金愈多，就表示所需的時間愈長，而因爲大部分的時間人力，都花在競爭對手已經有的東西上，因此，除非可以降低價格或掌握行銷管道，這種公司的前景極爲有限。

輕敵是起步的一個致命傷

企業經營者在探索自己的產品願景的同時，他也需要全盤了解競爭對手現有產品的優劣，而且還應該對對方產品的未來走向有正確的推斷。如果只是一味認爲自己只要做一些對手目前還沒有的東西，以多取勝就行了的話，就很容易產生一種輕敵的盲點。

問題在於領先的競爭對手最注意的就是被後起之秀取代的潛在危機，因此他們總是早早的在幕後投入大量的研發經費，但求維持市場領先地位。所以我時常忠告朋友，在產品方向未定之前，「最壞的競爭情況」乃是最好的假設，因爲明槍易躲，暗箭難防，當敵人仍然埋伏在暗處的時候，寧可處處設防。

每當有人諮詢我對他們產品構想的看法時，我總會花很多時間在產品競爭力的探討方面。當我聽到對方說他們的產品沒有競爭對手時，我都不禁莞爾一笑。因爲如果沒有競爭對手，那麼通常表示這個產品的市場短期內微不足道，更遑論市場大小與投資回報了。再說，一個新的突破性產品就算沒有直接的競爭對手，也應該會有間接的競爭對手。

其實，最難防的競爭對手，往往是一些有競爭能力卻尚未進入市場的對手。這種對手到處存在，只是很難預測他們進場的時機。舉個例說，家電網路一直是許多創業者心目中的創業夢想園地。因爲科技不斷的進步，總有一天，我們會發現自己住在一個高度電腦化的房子裡。在這個夢想的環境裡，我們按自己的喜好編排我們的電視節目，超級市場可以直接控制冰箱裡食物的新鮮和塡補的問題，電話也直接控制家裡所有的家電用具，而智慧型的廚房更是每天直接以我們個人的品味完成烹飪的任務。

這種景象說起來像天方夜譚一般，讓人覺得遙遠又不切實際。其實，以今天的科技水平，上述的願景絕大部分已經可行，只是市場尚未成熟。

這種「機會」連想一想都會令人振奮難抑，所以垂涎這塊大餅的人可說是前仆後繼，綿延不斷。每幾年就會出現一個前景相當看好的突破技術，然而，在熱鬧一陣子之後，又雷聲大雨點小，無疾而終。雖然如此，這個市場的成熟遲早是要到來的，而且一旦時機成熟，一些像 Sony 的家電巨擘或有線電視公司，由於對這個新市場早就垂涎已久，這個時候就會迅速及時切入市場，而以迅雷不及掩耳的姿態，徹底的改變市場佔有率與產品相容性。所以在決定進入一個類似家電網路的市場之前，就應該開始對那些還不是對手的對手的未來策略之可能走向詳加評估。

避免錯把對手產品定價當成本

當我們評估公司本身產品價格競爭力的時候，應該從基本的成本分析開始做起，而不要錯把對方產品的定價當成比較成本的對象。因爲產品的定價與它的成本並沒有一定的比例可循，反倒是產品的價格和產品的需求，與庫存供應是否適當，有更密切的關連，同時也與產品是否受到廠商壟斷，和行銷網是否廣闊都有極大的關係。

也就是說，如果一個新產品在設計上有重要的突破，並可使生產價格大幅下降的話，那往往就能一舉佔得壟斷市場的優勢。一般而言，產品在量產之後，生產價格會自然滑落。但是一個新產品在開展市場之初，因爲需求量少，很難與量產的競爭產品在價錢上競爭，除非產品本身因設計的優勢而使生產成本大幅下滑。

其實，維持產品高價位的方法是控制行銷網，尤其是高檔的科技產品。這種現象最主要的原因是系統型的公司藉系統的行銷，硬行要求指定系統內個別產品的抉擇。譬如說，美國波音航空公司是世界上最大的商業客機公司，但是飛機裏的裝備包括飛機的引擎在內，絕大多數是其他公司的產品。因爲既然波音公司早已控制了商業飛機的市場，其內部所有的裝備產品，小自提供的飲料，大至觀賞的電影及新聞台，以至人造衛星電話的使用，這一切一切已經完全掌握在波音航空公司的手中。

另一個非常好的例子就是美國網路設備的巨擘思科系統公司。雖然，它最主要的個別產品是以網路設備爲重，不過思科深切的了解本身對系統行銷的依賴。由於目前不同網路設備公司的產品相容性高，許多客戶在決定系統之內的不同產品時，可以有不同的選擇。爲了鼓勵客戶盡量多採用思科的網路設備，思科規定了，如果在同一個網路系統之內的思科產品總值少於百分之七十的話，思科就不能保證網路運作的完整。這種類似霸王硬上弓的做法，促銷了思科很多的商業產品，並因而維持了很高的毛利。

從以上這兩個例子，我們可以分析出一些非常重要的產品開發原則，例如：

1. 除非在產品設計上，由於新技術應用所造成的製造價格優勢外，新公司不應以硬性的價格競爭取勝。因爲這種策略只適用於低層次商品市場佔有率的爭奪戰中。

2.產品眞正的競爭力，始於它的研發突破所產生的優勢。
3.新創公司的產品最好避免單打獨鬥，而應盡量與控制行銷的系統公司相結合協調。最起碼，也務必使自己的產品與這些系統公司的產品維持高度的相容性。
4.除非有高度的創新，否則最好避免發展行銷早已經被大公司壟斷的產品。

新的技術不一定就是客戶需要的萬靈丹

每一個產品在進入市場後隨著產品應用層面的自然擴展，會逐漸地從市場發展期進入一個穩定的成熟期，一直到產品被取代爲止。當然有些產品歷久彌新，在經過長期的使用後，還是能維持市場的穩健成長。固然這其中原因很多，但是從這裡我們可以了解，有些產品的持久性驚人，不易取代。所以新的技術不一定就是客戶需要的萬靈丹。

PC在八〇年代發展成一個世界性的市場以後，就曾經遭遇過一些類似新技術的威脅。當時PC的價格因爲性能的不斷提升與需求的直線上漲，而不斷上漲。這種現象使得一部分的PC客戶被迫繳付較昂貴的價格購買一些自己不需要的性能。於是在甲骨文董事長賴利·艾利生的強力推動下，就出現了一股以網路PC（Network PC）來代替傳統PC的浪潮。這種網路PC的構想是把PC的裝備減到最低，然後藉著網路的發展使一些ＰＣ本身沒有的性能可以藉網路取得。

然而人算不如天算，一些原本十分昂貴的ＰＣ性能卻因爲世界性的需求而價格直線下滑，使得當初網路ＰＣ減低成本的構想變得多此一舉。

這個例子顯示，客戶的需求會隨著市場和經濟大環境的蛻變，而不斷的自我修正。尤其在二〇〇〇年的網路泡沫之後，由於市場需求的急速萎縮和企業科技產品預算不斷下滑，迫使企業對於新科技的需求大幅衰退。

事實上，今天的科技產業在數十年的擴張以後，市場已經逐漸呈現飽和的現象。在未來的十年裡，除非有新的突破足以激發起新的科技產業革命衝擊，否則，高科技市場的成長極可能會與國家或世界的經濟密切掛鉤，而成爲大經濟體中穩定的一環。

所以最重要的，不在於產品是否有新的技術提升。最重要的是，產品本身是否能解決一些以前無法解決的問題，而又能使客戶的科技開銷減少。

巨大的競爭者不可怕，怕的是遊戲的規則不變

熊與鱷魚同樣的偏愛河裡的魚，要是他們爲了一隻魚而爭鬥起來的話，你覺得誰會贏呢？這個問題的正確答案是：「那要看這個戰鬥是在水中或者是陸上打！」熊固然是

一個龐然大物也相當熟悉水性，但是如果眞的與鱷魚在沼澤裡惡鬥，還是凶多吉少。同樣地，鱷魚再猛，一旦上了陸地，它的威力就遽減了。

從這個例子我們可以淸楚的看到，沒有一個產品擁有絕對的優勢，也沒有一個公司的優勢是永遠無懈可擊的。眞正的關鍵在於新的產品是否能抓準產品競爭遊戲規則改變的先機。正因如此，在選擇發展產品的領域時，應該詳細的分析它的市場成熟度與被革命性技術取代的可能性。如果這個問題的答案是肯定的，那產品成功的機會就會直線的增加。反過來說，如果沒有改變遊戲規則的條件，卻也並不表示這個產品就不值得做，只是作戰的方法必須不同：這時，你必須以現有的規矩來擊敗競爭對手。

從市場的眼光來看，一個愈成熟的市場愈難改變競爭的規則。因此大部分的百年企業都集中在傳統的領域中，而非在瞬息萬變的高科技行業裡。更有趣的是，因爲科技的不斷演變，高科技產品似乎永遠活在一種恆久不斷的世代交替的環境裡。今天的先進產品會在未來因新的科技產生而遭淘汰。換句話說，高科技產業有一種競爭規則自行突變的特質，每隔一段時期就會蛻變重生。這種機會俯拾皆是，問題只在於自己是否能細心觀察。

避免盲目信從市場報告

市場報告最主要是用過去來分析未來。也就是說，它是一種藉分析「現有的市場數據」和調查「未來需求」，來了解未來市場的走向。這種分析技巧對於像PC等市場已經穩定的商品非常有用，但如果被盲目地轉用，預測一個嶄新科技產品的市場成熟時機或大小時，則有嚴重誤導的可能。另一個更可笑的事實是，許多的市場預測其實來自廠商個別提供給市場統計公司的資料，所以常有蓄意扭曲的現象。這其中最著名的例子，就是美國現在已經破產的第一大網際網路公司世界通訊公司（Worldcom）在一九九五年至二〇〇〇年間的五年裡，爲了自己公司股票的表現，不斷的散佈消息，聲稱網際網路的交通容量，正以每一季一〇〇%的速度成長。這種現象也許在網站革命初期曾經曇花一現，卻被逐漸渲染成一個新的永恆定律，最後終於導致一個數千億美元的投資泡沫，數十億美元的創投資金被盲目的注入跟進。當時華爾街的每一個股票分析師都認爲，把資金放在埋入地裏的光纖電纜裡，就好像埋了金礦一樣。每一家上市的光纖科技公司都擁有天文數字般的股值。試問，在這種瘋狂的環境裡，你寧可相信自己理性的直覺，還是那些似是而非的市場報告？

借重自己過去的經驗

在我的創業生涯中，我有幸接觸到許多創業的企劃案。更重要的是，許多有志創業的人在他們探索願景的時候，就常與我無邊無際的討論分析。從這些討論裡，我發覺他們在構思的過程中往往會忽略一個非常重要的考量：他們自己的經驗與專長。

問題是，一個企劃領域如果不是自己的專長，甚至風馬牛不相及，那麼籌劃案就不太可能有過人的見解。再說，一個連非專家都能看到的企劃案卻又剛巧逃過所有專家的耳目的機會，究竟會有多大呢？

我的意思是，值得做而又能借重自己過去經驗的案子多的是。既然如此，又何苦偏偏選一個自己不是很懂的領域呢？說穿了，這種不合理的思維都是因爲在思考的過程中，忘了自己才是企劃執行是否成功的關鍵。好的案子並非人人能做。所以追根究底，唯有不斷的自我充實才是日後成功的護身符。

即時應變新的市場狀況

一個成功產品的背後隱藏著無數的抉擇與決定。當然，一開始起步的時候就要能把持產品的大方向；一旦決定，不應持續猶豫，搖擺不定。反過來說，再完美的產品願景也需要隨市場的狀況而適時小幅調整，而不應盲目堅持一成不變。

修正產品的方向，不但不可怕，還非常重要，因爲有許多細節的考量在一開始的時候並不清楚。最重要的是如何維持**大體**方向不變，如何在其中不迷失方向。在這裡我要強調的是「大體」這兩個字。因爲市場的大方向雖然不會輕易改變，但是每天都可能有影響自己產品競爭性的事情發生。所以產品的細節可能需要隨時調整應變，而不應一味堅持原有計劃。換句話說，在開創的過程中，團隊裡一定要有人專注於任何可能影響產品成功的新發展。

設高目標勝於保守達陣

從研發的角度來看，產品的成功與否常與產品發表的時間有直接的關係。研發往往需要有強烈的時效危機意識，才能一股作氣，衝破瓶頸，成功達陣。有些在一九九五至二〇〇〇年網際網路黃金時期成立的公司，往往因爲資金充裕而喪失創業應有的危機感，最後導致公司的失敗。

所以我覺得不論外在環境的優劣，創投研發一定得抱著背水一戰，臥薪嚐膽的決心。

任何企劃案，都務必以最少的時間與經費，達成最高的成效爲目標。因爲產品研發是一種時間速度的競賽，而在起跑點總是站滿了一些強大的競爭者。甚至在有些情況下，創投研發還得在明知已有對手跑在前頭的情況下，設法迎頭趕上，並超越跑在前面的對手。

每當研發團隊設定研發時間表時，我總是告訴他們我要的目標是：

1. 如果任何其他團隊可以達成的目標，我們同樣必須達成，甚至超前。
2. 如果我們不能達成的目標，那這個目標不可能被任何其他團隊達成。

這種捨我無他的精神是一種求勝心切的寫照。沒有強烈的企圖心，就沒有日後傲人的成果。

11
開創團隊的組成

（希臘Santorini島）

團隊成功最重要的因素，

不在於明星成員的多寡，

而在於團隊成員是否同心協力，各司所職，合作無間。

一個眞正的領導者靠的不是頭銜，是領導力

一個公司的文化和特質從無到有，始於公司創始者和起跑團隊所持的共同理念。這些初創理念吸引了早期的領導團隊，藉著這些新血的注入，公司的文化和特質便開啓了一段自然演化，世代相承的過程。但是，不論往後公司的領導世代如何轉移交替，不論各領導世代間隔的長短，原創始人所帶入公司的領導特質和理念卻往往歷久彌新，對公司形成了一種永恆的影響。

蘋果電腦的創辦人史地夫・賈布斯在公司初創時有一個理想，他認爲PC的設計，應該是每一個不同背景的人都能輕易使用的。在蘋果電腦過去的二十多年歷史中，不論賈布斯在公司裏的頭銜如何變更，甚至在他與董事會交惡，憤而離去十多年以後，這個最初理念還是一直被蘋果電腦奉爲不可動搖的最高理念。更有趣的是，人算不如天算，賈布斯在九〇年代蘋果電腦最低潮的時候，竟然被董事會請回去重做馮婦，並成爲蘋果電腦的新CEO，繼續他初創的理想，就好像他不曾離開過一樣。

以宏碁集團爲例來看，雖然集團早已分成許多獨立上市，專攻不同市場領域的子公司，然而施振榮先生的理念和影響，卻好像如影隨形，無所不在。再看看惠普的共同原

創人大衛・惠維與大衛・派克（David Hewlett and Dave Packard），他們已過世多年，但在加州矽谷惠普的員工，還是對“HP Invents”的座右銘和代表公司理念與精神的“HP Way”引以爲榮。所以，一個創始者本身是一個永恆的領導者。而一個眞正的領導者，是不會因爲他們在公司的職銜不再，而降低了他們對公司的長遠的影響。

公司在成長的過程裡，從最先的研發團隊，到產品發展出來以後的市場開拓團隊，一直到後期的行銷和製造團隊，每一個階段的團隊，都是在戰場上衝鋒陷陣，開疆拓土，爲公司打造新天地的重要成員。在這裡，我們先討論研發團隊的組合。

兩個臭皮匠勝過一個諸葛亮

對於一個初次創業的人來說，如果有幸能找到一個已經有創業經驗的人共同奮鬥，那眞是一個可遇而不可求的良師因緣，對於自己的創業路可能有很多啓發的作用。我第一次創業有幸受知於陳五福先生（目前爲橡子園創投及昆仲創投合夥人），使我從一個對創業一無所知的上班族變成略有所成的創業者，並從此走出一條自己的路。

如果一個公司有好幾位共同創辦人（founders），最理想的創辦組合是創辦人之間存有極高的互補性。譬如說，微軟的共同創辦人比爾・蓋茲因爲自己的技術背景，所以找了他在哈佛商學院的同學史地夫・龐摩來主持市場行銷和為公司的長遠策略分憂。他們兩人數十年來合作無間，終於把微軟發展成為世界上最大的軟體公司。

除了互補性之外，創辦人之間的人格相容性，與個人對自己成就的期望，都是很重要的考慮因素。如果創辦人之間的志向重疊，往往會造成許多「一山不容二虎」的內鬥，而種下公司日後行政上困擾的遠因。一個公司最危險的轉捩點，往往是在領導權從技術性的創辦人轉移到從外面找來的空降CEO的時候。這時候，創辦人對新CEO的態度不但會直接影響到公司是否能和平的轉移領導權，也會間接影響到新CEO人選的選擇和日後創辦人與新CEO是否合作無間。

我在麻州一個名為Data Power的公司擔任外部董事，這家公司日前就曾發生這樣的事。Data Power是由麻省理工學院畢業，年輕優秀的工程師所創立的網站軟體公司。創辦人雖然只有二十八歲，對於市場行銷和公司營運卻都已能掌握。不過，公司的董事會有感於公司的成長不能僅繫於一個年輕創辦人的個人發展，而且如果公司要在今天的經濟環境有突破性的成長，就必須有一個超強的領導團隊組合。他們的想法對於一個二十八歲的創辦人來說，卻是極難以接受。所謂初生之犢不怕虎，這位創辦者雖然非常優秀，但是沒有一點工作的經驗，確實需要一個資深的經理人才的輔佐。

幸好，經過一段痛苦的引導時期之後，這個公司終於成功的引進一個非常好的CEO，而且與創辦人合作無間。目前這家公司在美國市場上已經開始有很多令人振奮的表現與突破。

建立一個世界級的小智庫

研發團隊的重點不在研發經費的多寡和團隊的大小，而在團隊裡是否有足夠的研發突破的精英。也就是說，研發著重的是「夢想者」與「執行者」的相互配合。「夢想者」是思想奔放，有高度想像能力，能突破現有格局，而且能夠把一個現實的問題跟新的技術結合起來的人。這種人有高度的幻想力，卻不一定是個好工程師。

相反地，「執行者」乃是一般公司裡循規導矩，按部就班的中堅技術人員。這種人有許多發展產品的執行經驗，卻往往不能突破自己思考的框架。我的經驗是若要成立一個高突破性的科技創投公司，一定要建立一個擁有「夢想者」的世界級的小智庫，再加上多位強有力「執行者」的配合。兩者缺一不可。

不過有一個棘手的問題存在：「夢想者」與「執行者」常因道不同而不相爲謀，甚至有一些相輕的傾向。我在箭點公司的研發團隊就有過這樣的問題。在這種情況下，除非創辦人有堅定的產品理念，而且有足夠的說服力，才得以在技術理念有衝突時迅加裁決，否則，很容易造成團隊對於產品方向的混淆不定。

研發團隊應秉持著「少而精」強過「多而凡」的基本原則。這個行之已久的創投準則在網路泡沫時期流失殆盡。在二〇〇〇年初網路泡沫最高峰的時候，在麻州我有一群創投成功的朋友決定集資籌劃下一個新公司。由於這個創業團隊都來自同一個非常成功的團隊，所以資金大量湧進，在第一輪就吸收了五千萬美元的資金，而且公司才剛成立，就已經被評估爲價值一億美元。這種不合理的初創條件，把資深的管理團隊沖昏了頭，原本有的創業危機意識喪失殆盡，因此公司的規模不斷的盲目擴充，終於在第一輪資金耗盡之後，因網路泡沫的打擊而解體。

網路泡沫時期那種近乎瘋狂的無節制擴張，從今天的眼光來看，顯得十分荒謬。當然，另一個重要的考量，是公司研發預算的問題。整體而論，每一個不必要的研發投資，都將會導致日後行銷資本的減少。一般而言，初期研發團隊應儘量以不超過三十人爲基準。如果初創研發團隊過大，反而容易造成研發協調上的困難。

當我第一次與陳五福先生創業時，五福在一次早期的籌劃會議上，就建議我們把自己設計的硬體限制在兩到三個PCB板以內，因爲如果要能準確的控制研發時間的長短，一定要先控制整個研發案的大小。奇怪的是，這個簡單的「五福準則」我已行之多年，卻發現它依然非常管用。

市場定位的重要性

我經常會受邀去看一些公司的新產品，並爲他們提供有關市場定位的意見。我發現很多公司一開始就忽略了爲自己的產品預做市場定位的重要性。這種現象在台灣好像比在美國還普遍，這也許跟台灣的創投案子多爲下游周邊產品而且偏重產品價格有關。麻煩是這種產品定位的問題，一旦等到產品都已經發展出來之後才開始探討，已經爲時太晚了。當然，防止這種失誤的最好方法，就是創業者本身應該對專注的市場有深刻的了解，對產品的定位有卓越的遠見。

團隊合作勝於超級巨星

一般人都有近乎盲目的「惜才」偏頗情結，所以往往爲了才，而忽略了在遴選創投團隊成員時，其他一些應該平衡考量的重要因素。我自己就經常犯這樣的錯誤。我在第三次創業組團隊時，明知道自己遴選的領導者過去有過一些作風上的瑕疵，但還是因爲

「惜才」，而說服自己，以才爲優先考量，因此種下一個原本可以避免的禍源。我在二〇〇二年初在麻州創立 Acopia 公司時，因爲考慮到自己希望在幕後主導，不願再直接涉足公司營運，而刻意地覓尋一位資歷比較完整的創辦合夥人來主持公司初期的全盤計畫，而且事先言明，在公司產品發展出來以後，另覓一位有市場行銷背景的高級經理人才擔當ＣＥＯ一職。經過數星期的考慮後，我決定把這個重要的領導位子給了曾在加拿大北方電信公司任副總裁的丹尼爾。丹尼爾早期曾與我共事，而且在加入加拿大北方電信公司任職之前也有創業成功的經驗。雖然在我們早期共事的經驗裏，我對於他一些人格上的自大與不易接受不同意見的毛病有些擔心，但我想那畢竟是多年前的事，而且他近年來的表現也是可圈可點，所以我才決定冒這個險。

沒想到丹尼爾志在公司ＣＥＯ的寶座，而且一意孤行地希望把公司的產品方向與定位壓低，改成跟自己背景相同的領域，而這個領域的市場潛力相當有限。丹尼爾身爲公司領導人，卻導致公司發展方向搖擺不定，這是 Acopia 初期所遭遇最嚴重的創傷。幸虧董事會決定快刀斬亂麻，迅速地把丹尼爾撤職，並引進一個曾在箭點輔佐我的行銷副總裁，以市場行銷爲導向的新ＣＥＯ。從此公司脫胎換骨，進展神速。

一個好的團隊，在於每一個成員都能有自己發揮貢獻的一些長處，大家各展所能，協力以赴，而不在於團隊裡有許多的「超級巨星」。這就好比在職業球隊聯盟裡，每一隊都有一些明星球員和一些所謂的配角球員，而一個球隊的好壞，往往在於明星球員和配角球員是否搭配得很出色。所以，惜才是人之常情，但是它不應成爲團隊合作的絆腳石。

面談不如推薦或相識

初組團隊時，首先面對的問題就是如何去尋找最適合的人選。公司初創，如果爲了把握市場的先機，草率的急著把研發團隊找齊，往往反而會種下一些團隊良莠不齊的禍因。事實上，只要能秉著唯才是用和團隊相輔相持的基本原則，用自己信任的人所引薦的人，往往比從面談裏挑選出來的人來得更爲可靠，尤其是由團隊裏的核心成員推薦的。因爲這些人既然已經深入公司的創設，他們個人的成敗就已經與公司結合在同一條陣線上了，每一個員工的良莠自然會直接影響到他們個人的成敗。

我三度創業，每到要組團隊時，我總是先擬好一份我諮詢團隊成員的推薦人名單。這些人因爲與我相識相交多年，知道除非他們有自己極爲尊敬信任的人才，否則他們絕不敢任意推薦，深恐自己日後的信譽受損。箭點公司最早選用的前一百五十名員工，都是由推薦人引薦的。這種現象，讓許多獵頭公司驚異不已。

但是推薦任用的結果，有可能造成員工背景的過於統一集中化，甚至會使得新文化的產生受到員工昔日背景的束縛。因此，篩選員工的同時，應儘可能的分散公司來源。這樣的話，新公司比較不容易墨守成規，而可以自由地根據新公司的特有情況，吸取各公司之所長與菁英，為新公司量身訂做一個新文化。

我另外有一個非常堅持的原則，就是：參加創投的人必須有強烈的企圖心、堅毅的品格和一個虛心學習的態度。

創業維艱，成功的人往往是一批能在最困難的時候堅持到底的人。我在思科收購箭點時公司的宣佈會議裏，告訴同仁們，當我回顧過去四年來所經歷的無數次困境時，我很慶幸大家能「相忍為國」，又有堅持到底的毅力與決心，最後終於得到在當時連做夢都不曾夢到的回報。我告訴大家，我們不一定是世界上最堅強的人。但那並不重要。重要的是我們有足夠的堅定毅力，使公司得以渡過它最黑暗的時期。

紐約前市長朱利安尼（Juliani）在紐約市九一一恐怖事件發生時悲痛地說：「我們一定要從這一次危機當中變得比以前更加堅強！」這句話用在創業團隊裡非常適當。因為在創業的過程中，經常會遇到一些預想不到的困境。既然困境難免，那麼如何突破和適應，就變成極為關鍵的問題了。

壞蘋果儘早處置

一個團隊不管如何精挑細選，總難免會碰到幾個不太能與大家同心協力的人。如果發現得早，就應盡量快刀斬亂麻，把這個後顧之憂除去，一了百了。

但是如果這個壞蘋果偏偏又是核心份子中的一員呢？這就變成一個棘手的問題了。我在創業的生涯裡曾經遇到類似的問題。當然，既然是核心份子，就表示他不容易取代。不過，從長遠的眼光來看，壞蘋果不即時處置，日後終將釀成大禍。所以最好的補救方法，是先行尋找適當遞補人選，然後再在適當的時機，曉之以大義。如果仍然無效，迅速啓動候補方案。

市場與行銷團隊設立的時機

洞燭市場的先機是創業成功的先決條件之一。所以創辦人之中一定要有人一開始就扮演掌握市場的角色。此外，初創團隊裏也應有一位對傳統產品定位分析能夠駕輕就熟的人才。行銷團隊的設立應在產品已經進入內部測試時才進行。過早成立行銷部門反而可能對公司產品的發展產生操之過急的壓力。

領導者「不恥下問」，以身作則

眞正的領導者，是在最艱難的時刻，站在最前面的人。一個卓越的領導者，是懂得善用部屬專才的通才。所以研發的關鍵，在於創造一個能夠讓團隊潛能發揮到極至，而非獨善其身，領導者專權的決策方式。

綜觀產品研發的成敗因素，可以發現，團隊成員的優劣取捨，往往不但最具有深遠的影響，而且能立竿見影。更重要的是，團隊領導者的卓越與否，也是最關鍵的要素。一個領導者不一定是一個百般武藝，樣樣精通的人。但最重要的是他了解研發團隊裡每一個人的專長與角色，並且能善加利用。

眞正的領導者，永遠比團隊先跨一步，好讓他可以預測團隊在下一階段可能遭遇的挑戰，而未雨綢繆。

眞正的領導者是一個導師。他深知只有先瞭解員工的理想，才有實現公司理想的一天。

培養下一世代的創業者是爲國家經濟成長紮根

回顧過往，我在創業路上，很幸運結識了許多優秀的共事團隊成員，而且他們都已經打出自己的一片天下，成爲社會上尖端領導群中的中堅份子。每當我發現一些與自己孩子年齡相若的下一代，充滿希望和熱忱地在我創立的公司裡面埋頭苦幹，我的心裡就會湧出一股強烈的使命感。或許，有一天這些團隊又會孕育出一些下一世代的創業家，就像我早期的一些子弟兵已多成爲今天的領導層一樣。在這時，我才眞正的了解「長江後浪推前浪」這一句話，也才眞正體認到，參與一個新團隊的人才培養，是在爲國家未來的經濟成長紮根。

12
市場的開發

（雅典博物館）

一個劃時代的突破性產品有如一顆寶石，

而產品的市場策略就好比一個石匠。

寶石再大，若不經琢磨，

它光輝亮麗的本質如何能顯現出來？

突破性的產品更需要卓越的市場策略

一個高科技產品，除了最初的願景對日後的成功有最直接的影響外，產品的市場定位、客戶需求的分析是否中肯，與行銷時能否在很短的時間內使客戶產生共鳴，都是非常關鍵的問題。

在行銷專業裡一個最常用的術語就是所謂的「電梯內行銷論」（Elevator Pitch）。這句話意指一個行銷員往往必須在跟隨客戶在電梯上下的短短幾分鐘裡，想辦法把自己產品可能給客戶帶來的好處講出來，引起客戶的興趣，而願意進一步約定一個詳談的時間。如何以最短的時間介紹一個高科技的新產品，讓一個對於你的產品一無所知的新客戶產生最大的興趣，往往是市場部門最大的挑戰。尤其是高檔的科技產品，因爲產品本身包涵了許多複雜的創新技術，而客戶的技術根基良莠不齊，如何以非常簡單明瞭的解說方式讓客戶眞正了解，這個過程本身就是一種「市場研發」，因爲它是一種創新，一種沒有人做過的市場探索。它的艱難度與挑戰性，絕對不比產品研發本身低。

換個角度來看，一個劃時代的突破性產品就像一顆巨大的寶石一樣，而產品的市場策略就好比一個石匠。寶石再大，如果不經琢磨，它光輝亮麗的本質就無法顯現出來。

市場部門（Marketing）的分工，有裡外之別，也有先後之分。在研發初期，最需要的就是解決產品市場定位（Product Positioning）與產品信息（Product Messaging）的問題。換句話說，就是自己產品與其他類似產品的價格、性能、容量與售後服務的比較。

等到產品研發接近完成的時候，市場部門的重心就逐漸外移，直接以產品分析師、媒體與客戶爲訴求的對象。問題是，一個連客戶都沒幾個的創投小公司，如何能夠以小搏大，在市場部門預算極少的情況下，出奇致勝呢？這其中玄機不少。

有許多看似微不足道的細節，卻往往有一些預想不到的功能，而且也不需花費大筆的宣傳費。

公司名稱、商標與口號

你有沒有想過公司的英文名字應該以哪一個字母開頭？如果你仔細觀察英文電話簿裡的分類廣告，或任何的公司名冊目錄等等，你很容易就會注意到所有同類的公司都以字母的順序排列。既然如此，那麼字母在前的就比字母在後的名字容易引起注意，不是嗎？當然這只是個例子，要不然世界上的公司全都以A開頭了。此外，公司的名字應以發音容易，並讓人一見難忘爲重。美國的網站先驅雅虎（Yahoo!）的英文名字就是一個傑出的例子。在一九九六年網站初興之時，雅虎的名字代表的是一種時尚，一種不拘小節的新型網站內容公司，而它的發音與英文裡的驚叫聲又有三分神似，讓人興奮，並對閱讀雅虎網站內容產生聯想，在網站初期的品牌戰裏，佔了許多無形的優勢。

話說回來，一個公司的名字是學問，而它的商標（Logo）與公司口號（Tag Line）則更是重要。

麥當勞的金色拱門與可口可樂的商標，不但是公司最好的品牌資產，更進一步被廣泛的用來代表美國的文化。惠普（ＨＰ）是國際性的科技巨人，給人的印象是一個不斷創新，開拓科技市場的領導者。事實上，惠普是科技界的「百年老店」。一般人一提到ＰＣ，最先想到的代表性公司就是微軟，其實今天ＰＣ普及的最大幕後功臣，卻是因爲半導體業巨擘英特爾（Intel）所引導的ＰＣ晶片量產化，使得ＰＣ的價格直線下降。爲了教育消費群ＰＣ與英特爾的密切關係，英特爾就發起了一個*Intel Inside*的行銷推展計劃。這個計劃在推展多年後已經使得消費者在選擇ＰＣ時，對有英特爾處理機的品牌ＰＣ另眼看待。美國的零售業巨人Wal-Mart以價廉物美起家，所以它的公司口號就強調它的價格優勢。這種品牌的建立工作，不但對客戶的印象產生非常深遠的影響，對員工的凝聚力也有驚人的效力。

如果一個產品的市場基本上已經存在，那麼產品定位的問題就相對的簡化了許多，因爲這時公司市場策略的重點就變成只是如何強調新產品的相對優劣，而不必要花很多的精力、物力與財力教育客戶如何深切了解一個嶄新的產品所能帶來的競爭優勢。反過來說，也唯有一個劃時代的產品才有徹底改變市場組合的能力。這就是所謂的開疆拓土維艱。

推銷公司的願景是市場策略的第一步

一個公司的市場策略應該從「公司包裝」開始，這種做法有點類似電影首映前的廣告宣傳或是歌星在出唱片前的打歌動作。但在一般創投的小公司的市場預算小得可憐的情形下，只有窮則變，變則通地給自己製造機會。

譬如說，如果一個新的ＩＣ設計公司的創始人是個讓人敬重的重量級人物，或者它能邀請到台積電的高級主管，甚至張忠謀先生本人參與投資或加入董事會，那麼這個關係就是一個為公司「打歌」的好機會，因為一般人總覺得，除非這個公司的產品潛能無限，否則不可能邀到重量級的人物拔刀相助。換句話說，新公司急需的是讓人覺得它有充裕的資金、堅強的領導團隊，及一流的董事會與重量級的諮詢團。

市場策略的成功端繫於它能否以最少的時間與精力，經由各種媒體與市場研究分析機構的渠道，把產品以簡單明確的方式，輾轉傳播呈現到未來客戶的手中。

產品開發期間須「戒急用忍」，不可強出頭

公司在研發期間，應避免把產品的細節過度曝光，因為產品既然尚未成熟，過早發表只會讓競爭對手得逞，以你的產品資料發展反擊的策略，所以可說是有百害而無一利。但是，這一時期正是加強尋找早期客戶的好時機，而最有效的方法，就是把一些有高度影響力的企業ＣＩＯ或ＩＴ主管網羅到公司的客戶諮詢團（Customer Advisory Board）裡，以股票選擇權或諮詢費的方式換取早期客戶需求的信息。

攻心為上：市場開發應以攻「上游媒體」的心為主軸

在產品接近測試階段時，市場部門的重心就應該開始往外移。這個階段的策略以「為產品打知名度」為主，而訴求的對象又以專業產業媒體為主。等到產品行銷網建立以後，市場的訴求對象則轉進到直接客戶與ODM／OEM夥件的發展。

另一個非常重要的考量是，若要開發美國市場，先要瞭解報導產品的媒體是一個分工細密的供應鏈，其上游的一端為非常專業的市場調查與科技走向諮詢公司，專司為企業提供IT專案諮詢或為產品廠商提供客戶需求走向的研究報告。美國的國際數據公司（IDC）與Gartner/Dataquest集團就是這方面的佼佼者。其下游的另一端則為幾乎沒有專業知識的一般新聞媒體。一個新產品的發表，尤其是創新度高或高檔的產品，因為剛開始時懂的人少，一定要借重上游專業媒體的傳播網，直接或間接的播散到媒體供應鏈的下游。這個策略非常重要，因為一來創投的科技公司市場專業人員與預算有限，無法廣泛地與各類新聞媒體直接接觸。再加上媒體界往往因接收到的產品新聞稿量極多，所以除非產品有強力的上游市場報告與早期客戶的強力支持，否則產品的發表不會引起太大的注意。

既然如此，科技創投的早期市場目的應以影響上游的市場專業媒體爲主。因爲這些人所賣的就是科技的市場走向方面的知識，也就需要與創造新科技技術的人——你——掛鉤。所謂如魚得水，對方是魚，而魚是一定要尋求水源的。此外，另一個重點是，客戶寧可相信獨立的市場報告，所以藉媒體傳播的方法往往比直接的廣告訴求有效。

一般市場分析研究，都偏重於市場容量與未來需求的量性分析（Quantitative Analysis），而執意避免踏入革新技術所帶來的新興市場領域。一來因爲需要這類研究報告的客戶太少，二來市場研究員通常缺乏洞燭新市場的頂尖技術背景。這種偏差往往造成許多劃時代的產品被誤認爲沒有市場需求，因而不能出頭。相反地，因爲絕大多數創業的人自己本身也沒有洞燭先機的能力，反而過度依賴量性市場分析，最後導致許多了無新意的產品的發展。

其實，最有啓發性的市場報告往往是一些專業雜誌的專欄，或者是一些專門做大趨勢質性分析（Qualitative Market Analysis）的市場研究公司。位於美國麻州劍橋的 Forester Research 就是這一類研究報告專業中的佼佼者。

當然，如果你有幸可以像創投公司一樣時常接觸許多創業投資企劃案，那便是最直接又最有專業深度的市場研究報告了。

產品行銷的市場策略以輔佐行銷爲重

創投產品的市場開發與產品的行銷方式有絕對的直接關係。如果一個產品的主要行銷網是以代工性的ＯＥＭ／ＯＤＭ爲主，那麼市場的策略應用就只有集中於如何輔助行銷夥伴的小圈子。相反地，如果一個產品是打自己的品牌，那市場策略的釐定和成功與否，就完全看策略的優劣與經費了。

產品市場策略的上上策，是設法改變客戶最重視的評估方向與產品性能重點，進而使得原本領先的競爭對手喪失優勢，甚至潰敗。這也就是孫子兵法裡的所謂「不戰而屈

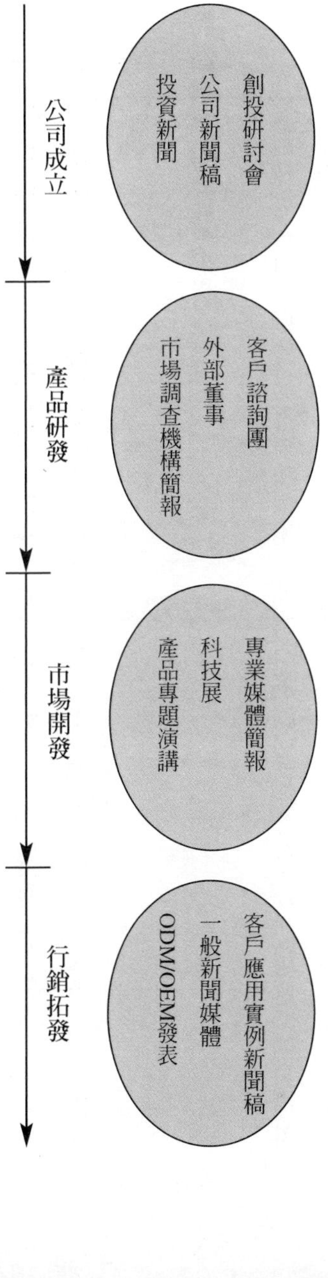

人之兵」。網路設備的巨人思科就深諳此道，藉著網路對客戶的重要性，如果客戶企圖在網路裡參雜引用其他廠商的產品，就以無法保證網路不出問題爲由，迫使客戶放棄別的廠商。

箭點通訊的行銷策略

在高科技界，有一個廣爲大家所引用，非常有名的科技發展準則。這個準則來自英特爾創始人之一的摩爾（Gordon Moore），他以半導體的技術原理和材料物理的電子導電極限，推斷出電腦的速度會以每一年半加倍的速度推進，一直到材料物理的電子導電極限爲止。這個原則就是現在所謂的「摩爾定律」。

我在一九九七年創立箭點通訊公司時，正值網站交通量迅速膨脹的時候，而且增加的速度遠遠的超越摩爾定律的每一年半翻一番的速度。在這種情況下，我們判定，唯一能夠解決這個問題的辦法，是想辦法把網際網路的輸送變爲智慧型的交通網，進而促使網路的效率提高。

這個市場策略是箭點後來被思科以五十七億美元收購的主因，因爲這個策略使得市場在網站成長失控，而且有超越物理極限的危機下，強調智慧型下一代網際網路的重要性與革命性。爲了要使廣大的市場能夠了解這個變革，也爲了藉此改變下一世代網路產品的競爭規則，我們決定集中全力以「智慧型內容網路」爲訴求的主題，把網路描寫成一個像人腦一樣可以思考的東西，而這個東西可以悄悄地在幕後即時地調整網站的搜尋工作，自動的把重要的搜尋指令優先處理，並且可以在網站處理能力受到威脅的時候，自動調整資源，加以增援。

爲了儘量強調智慧網路的重要性，我們想到了用人腦來提高市場的訴求力。這個廣告策略產生了極大的迴響，並被美國的廣告雜誌選爲一九九九年的傑出廣告之一。回想箭點的市場團隊以小兵立大功的方式，打敗了像思科一樣的巨人，讓我深深的體會到，市場的策略應用是一個產品不可或缺的成功關鍵。

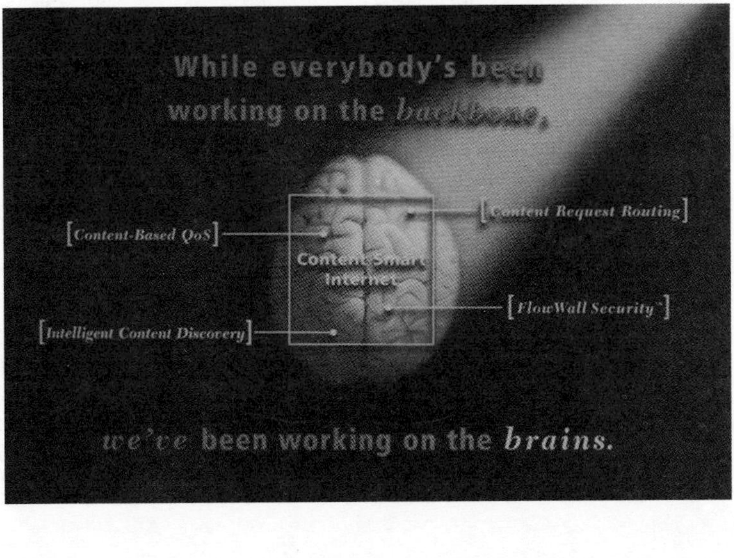

這個策略的發展過程與演變，箭點的外部市場諮詢團功不可滅。當時諮詢團的成員都是一時之選，包括了AT&T寬頻有線網路的創始人、世界通訊網路技術總監，和美國著名的下一代網路技術組織的創辦人等等，可說是臥虎藏龍，一時之選。

產品的品牌策略

一般而言，直接行銷的產品需要有卓越的產品定位策略，而直接行銷的消費性產品則更需要一個有效品牌策略的配合。李焜耀先生領導的明碁以BenQ的品牌，集中全力發展消費性資訊產品的策略就是這種策略的應用。

台積電的成功，與它的IC設計服務與晶片製造代工加值定位有非常直接的關係。這個定位策略把台積電規劃成一個客戶智慧產權的開發夥伴，把台積電的晶片代工服務*e*化，進而變成客戶設計過程的一部份，而這個過程又可以依客戶的需求，加以量身訂做。這麼一來，台積電的客戶就不再把它看成一個代工的工廠，而把它看成自己工程部門的延伸。

宏碁集團多年來在品牌的建立上不遺餘力。經過多年的開發，已在歐洲、南美洲與亞洲一些國家地區打出一片天。這種策略在北美主市場受跨國大廠直接行銷把持的情況下，以品牌的做法來提高次要市場的佔有率算是個高招。

總之，市場的策略往往可以決定一個優良的產品是否可達到它的市場預測潛能。再強調一次：一個劃時代的突破性產品有如一顆寶石，而產品的市場策略就好比一個石匠。寶石再大，若不經琢磨，它光輝亮麗的本質如何能顯現出來？

13 科技產品的行銷策略

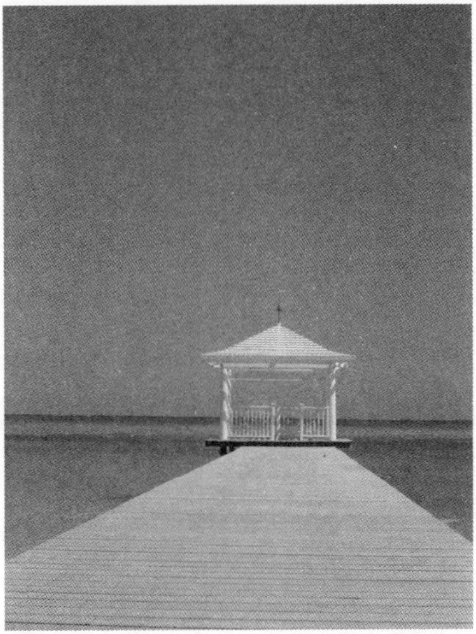

（加勒比海Bahamas島）

產品開發是為日後的行銷
創造出最先進的武器；
「行銷掛帥」是為發展出來的產品
創造出最有利的戰鬥環境。

科技產品的種類包羅萬象，而且由於訴求的客戶群往往差異很大，因而行銷的管道也迥然不同。譬如說，像 Motorola 或 Nokia 等推銷自家品牌手機的廠商，都直接與控制消費族群的電話公司打交道，而像惠普與IBM等生產高檔伺服器或儲存器等產品的公司，則往往要直接向企業IT主管訴求。所以，總而言之，每一個公司的行銷策略，都要依照客戶對象與產品性質等因素量身訂做。不過，在創業之初，就應該開始對日後可能採取的行銷策略及早善加考量。一般來說，產品行銷大致可以分成以下三種形式：

1. ODM(Original Design Manufacturer)／OEM(Original Equipment Manufacturer）的間接行銷方式
2. 直接行銷（Direct Sales)
3. 獨立的行銷網公司（Distributors, Value-Added Resellers)

1.間接行銷方式（ODM／OEM)

ODM／OEM與獨立行銷網是所謂的「**間接行銷方式**」，而由自己的行銷團隊直接向客戶訴求，就是所謂的「**直接行銷方式**」。這兩種行銷的方法各有利弊。同時，採取不同的行銷方法，也與產品的特質有直接的關係。

ＯＤＭ／ＯＥＭ的行銷方式，最適用於像個人電腦或其周邊設備這一類的產品。台灣的國際代工大廠如廣達與鴻海就是善用這種行銷方式的最佳實例。造成這種現象的主要原因，是這一類市場已經變成由全球性消費者主導的市場，而這一類行銷，又多爲少數國際性的跨國大公司所把持。

這造成市場內產品訴求的對象成爲控制行銷的大廠，而非消費者大眾。這些國際大廠的主要著眼點在哪裡呢？他們最關注的有兩方面，就是生產價格與產品品質，因此，除非你創新的新產品不會造成價格的提升，同時又可以幫助擴張廠商的市場，否則的話，就不太容易獲得他們的青睞。

一般而言，產量大的消費性產品，走代工路線的可能性遠比高檔的科技產品要高，因爲這些產品加值度小，又是以量來彌補被壓低的利潤，因此上游廠商與下游代工廠商之間的關係十分密切，兩者息息相關。這種現象在代工高度發展的台灣與中國大陸尤其明顯。在這種產業環境裡，一個公司的成立，可以只是爲了幾個少數的上游廠商的需求。但是，這樣的公司雖有近利可圖，卻因產業型態的變化極快，而經常處於被動的不利狀態下，處處受制。其實，消費性產品的市場，因爲利潤薄弱，這種「微利」的壓力，連像惠普與戴爾等控制行銷的國際大廠都感受到，更何況是下游的代工供應鏈廠商呢？所以，代工產業的當務之急，應在於廣化代工產品的種類，而長久之計，則繫於產品研發與市場的結合。

相對的，像思科或北方電信等非消費性的網路系統走向公司，多半會把研發的重心放在最主要的產品上，而以OEM的方式來彌補一些產品的漏洞。也就是說，他們只願意把次要的產品開放給沒有行銷網的小公司生產。

因此，對於較高檔的產品而言，ODM／OEM的應用，可以說只是一種短期的行銷策略應用而已，期望能在公司草創之初，藉別人的行銷網來達成初期的行銷目標。這種間接行銷方式的好處，是市場開發與行銷開發的成本低，壞處則是行銷將受制於人，而且限制了公司本身未來的成長空間。

2.直接行銷方式（Direct Sales）

產品直接行銷最大的壞處，是銷售前（Pre-Sale）開支龐大，對於一個新創投的小公司而言，不可否認的是一個極為沉重的財務包袱。反之，若一個科技產品的突破性愈高，則愈需要在行銷初期以直接行銷的方式，先把產品直接推銷到使用客戶的手中。唯有如此，才能「打鐵趁熱」，確保新產品成功的切入市場。

造成這種現象最主要的原因有幾個。突破性高的產品需要先靠市場的搶灘攻擊，開拓新疆土，而一般的行銷網只適於銷售市場已經熟悉的產品，並沒有能力爲一個嶄新的產品造勢舖路。所以除非產品事先有適當的市場策略支持，否則再好的行銷網也無能爲力。另外很重要的一點是，獨立行銷網公司是一種以產品分銷效率爲主的低加值行業，講究的是如何以最短的時間與最少的資金把產品送到需求已經確定的客戶手上。所以這一類公司，一來，多半沒有必需的產品和市場專業人才，二來，可能不願意把資金和人力花費在非核心的商業事務上。

3. 獨立行銷網 (Distribution Channels) 的應用

如果開發的產品是以消費者或中小企業爲訴求對象的話，獨立行銷網的應用可能是產品行銷策略中非常重要的一環。這些經銷網所涵蓋的行銷領域有國際性、國家性與區域性之別，而他們對於不同產品的服務加值能力，也常有很大的差異。所以每一個產品都應因其特性，而對適合的行銷網商精挑細選，而不可濫竽充數。

由台灣創業家曹英偉先生所創立的 Linksys 公司，就是善用獨立行銷網的一個佳例。

Linksys的產品是以中小企業與家庭無線網路市場爲主的低價位資訊產品。依上節所述，這類低價位的產品不適合直接行銷，卻非常適合經銷。爲了提高Linksys的市場佔有率，曹先生把Linksys的行銷網劃分成四塊大餅：

1. 消費零售網（Retailers）
2. 獨立行銷網（Distributors）
3. 網站行銷網（eCommerce Portals）
4. 系統供應商（System Integrators）

由於這四個行銷管道有高度的互補性，而Linksys的產品又以價格低、性能好著稱，而且符合安裝簡易的中下游產品原則，因此它的營業額也扶搖直上，數度被選爲美國中小企業績優公司，最後在二〇〇三年被思科以五億美元的金額併購，使華人在美國的高科技史又添一頁佳績。

國際行銷的考量

現在我想談談國際行銷方面的一些考量。首先，產品在發展初期，就應對內銷或外銷導向有些初步的規劃，而且對於產品將來在全球行銷策略大綱運用方面，有些了解。這種早期的全盤規劃，可以幫助公司避免產品在發展出來以後，才發現行銷網與產品不能配合的窘境。這種現象在以代工爲主的兩岸科技業尤其明顯。每次在我遇到這樣的例子，看到創始人與投資者急著到處爲他們的產品找出路時，都爲之扼腕，感嘆他們爲何不能在開創之初多做些全盤的行銷規劃呢？

一般而言，高檔的突破型產品都是先以直接行銷的方式，在北美洲的美國與加拿大展開，然後再以加值經銷的方式往亞洲的日本、澳洲與西歐推展，其次再逐漸的拓展到亞洲發展中國家與南美洲等次要市場。這也是爲什麼高檔的科技產品大都源於美國的原因之一。所以如果一個高檔的科技研發團隊想要在兩岸或其他地區分布、設置數個跨國據點，那麼把公司市場與行銷總部設在美國，近水樓台，就愈形重要。

然而，有些公司的產品，爲了避免一開始就被迫注入大量的直接行銷資金，因而採取了先攻歐亞次市場的「迂迴政策」。譬如說，一九九五年我第一次創業時的另外一位共同創辦人義裔的杜奇（Jim Dolce）先生，數年之後，又在美國創辦了資訊界十分知名的紅石通訊公司（Redstone Communications）①，當時他就採取了先與德國西門子（Siemens）公司合作的策略，在歐洲與思科對抗，然後再利用亞洲的獨立經銷網，整合起來，建立了一個足以與思科搶佔市場的強大行銷網。這個重歐亞，輕北美的行銷政策把思科打得有點措手不及，最後在二〇〇二年導致了思科當時最強大的對手——Juniper Networks，以高價把紅石通訊硬從德國西門子的手中併購過來的案子。

比起西歐與日本，美國的科技市場環境很明顯的更爲開放，而且比較勇於嘗試新的產品，以期在眾多競爭對手之中能握有多一些運籌的籌碼。在一九九九到二〇〇〇年的兩年期間，我曾經像空中飛人般的穿梭於西歐、東亞與南美，爲自己創業的箭點公司產品推展業務。當時許多客戶總是先想知道這些新產品在美國的推展情形，然後才願意考慮自己是否也要使用。這種心態的背景，一方面是崇拜美國的科技領導地位，另一方面，是由於當地國家科技環境尚未完全整體發展下的一種保守心態。終究在這些國家裡，大企業並沒有太多與創投公司直接打交道的經驗。所以美國式的直接行銷做法，在這些國家裡極爲少見。

初創業者在行銷的策劃上，往往有不知如何開始的困擾。當然，通常這與創業者的技術背景有關。此外，台灣與大中華地區的科技產業，到今天仍然以製造代工與設計代

①紅石通訊公司於一九九九年被德國的西門子公司以五億美元收購，轟動一時。

工爲主，使得在訓練行銷專業人才上，比較難有所突破。

我的「箭點」行銷經驗

我自創的箭點公司，從一九九九年到二〇〇〇年底近兩年的時間裏，從一個沒有營收的公司變成一個平均年營收一億五千萬美元的公司，其間業務推展的過程與策略，或許會有可以供參考的地方。

在一九九九年初，箭點產品剛推出時，因爲產品技術本身具有相當的革命性，一般的客戶並不熟悉，更不放心把公司的網站設備交給一個名不見經傳的小公司。爲了突破這種困局，箭點一開始就把行銷的重心鎖定在幾個重點客戶，其中最有名的就是美國大陸有線電視公司（Continental Cable）與網路時代紅極一時的CMGI網路集團。尤其是CMGI在一九九九年網路巓峰時期，一度成爲美國最被看好的網路新星之一，股值遠高於更知名的雅虎、eBay 等公司。

爲了獲得這些重量級客戶的青睞，箭點花了很多的心力，盡量把許多具有影響力的客戶主管延攬到箭點的客戶諮詢團裡，其中包括了美國第一個網路服務公司UUNET的技術長歐戴爾（Michael O'Dell）、大陸有線電視的總經理范畢爾（Steve Van Beaver），與Internet網路先驅的麥克倫（John McQuillan）。而大部份重量級的科技專家，都會對具有革命產業特質的公司賦與高度興趣，另眼相看。由於箭點擁有這些重量級人士的支持，使得許多公司都不得不對箭點的產品多加考量。

運用這種重點式的行銷法，最主要是可以藉有知名度的早期客戶，引起一些比較保守的客戶願意跟進。經過了大約三個月的行銷轟炸，終於箭點把CMGI屬下大部分的達康公司都征服了，並與CMGI達成一個非正式的結盟關係，使箭點的產品在CMGI之中變成制式化的網路設備，把思科踢出了門。

有了重點客戶的支持以後，箭點開始逐步的擴展客戶群。但是身爲一個小創業公司，不可能有足夠的能力與資金平地而起的建立出一個世界性的行銷網，因爲小公司必須量入爲出，公司的業務發展要靠現有業務所帶來的盈收來支持。如此下去，發展勢必曠日費時，坐視競爭對手藉機緊迫追趕，縮小產品差距。

換句話說，公司新產品一旦曝光，就必須急速的擴展行銷管道，否則好不容易打拼出來的產品先機又可能逐漸的流失。但是，沒有雄厚的資金，就沒有辦法急速的擴展行銷管道，這造成了「雞與雞蛋」式的惡果循環問題。在當時的情況下，箭點決定擴展與思科對抗的行銷管道。箭點深知思科在北美最主要的對手爲郎迅與加拿大北方電信，而它在泛歐洲的市場則與德國西門子和法國的 Alcatel 對抗。所以箭點的世界行銷策略就擺明了引進北美洲與歐洲各一名與思科對抗的OEM行銷合作夥伴。經過半年的努力，美國的郎迅與法國的 Alcatel 分別與箭點簽約，也分別成爲箭點的北美和歐洲行銷夥伴。這個行銷新策略造成箭點在極短的時間內，以極少的行銷經費，建立了一個第一流的全世界行銷網。

商場上沒有絕對的敵人，也沒有永遠的盟友。這完全是看市場上的競爭對手如何聯手，彼此競爭。箭點的OEM策略是一種短期的策略應用，也是在自己沒有擴展行銷資金的情況下的一種策略運作。但是，短期的朋友也有可能變成公司長期發展的對手，因爲公司爲求行銷突破，通常會在發展到一定的階段之後，卻又有可能需要發展新的與OEM相衝突的行銷網。台灣的宏碁集團就是一個例子。宏碁在 PC OEM 市場飽和以後，爲了突破行銷的瓶頸，決定發展自己的品牌，而把明碁從母公司分出來自行獨立發展。

箭點在OEM市場飽和之後，決定自己注入大量的資金，建立一個全世界的行銷網。經過半年的推展，箭點有系統地選擇了在全世界二十二個國家設立直接行銷據點，並按每一個地區的市場需求，擬定了特別的行銷策略與網路，再配合當地的媒體與總部的公關和市場部門，提高箭點的產品知名度。在一九九九年到二〇〇〇年的一年多裡，我的足跡遍及歐洲、亞洲、南美洲，甚至中東各國。我學習到了世界性行銷網建立的複雜，也同時感受到美國對於全世界的科技界所造成的衝擊。我們憑藉著高密度的直接行銷方式，最後終於使箭點的營收直線上升，在被思科併購前達到高峰，從一個小公司，蛻變成爲一顆年收入超過一億美元的新星。

因此，產品的行銷策略必須依產品的特性而量身訂做，才能使兩者相輔相成。戴爾成爲資訊產品的世界第一大廠，靠的就是世界上最有效率的製造到行銷的流程控制與最低的庫存資本，配合最有效的網站直接行銷系統。總之，公司初創時因資金人力有限，必須量入爲出，以重點性的出擊來尋找可以突破市場的攻擊點，然後逐步擴大搶灘的基地，最後一定可以達成以小搏大的最高目標。

14
公司上市與兼併的考量

（瑞士古堡內園景）

公司執行長的每一個決定，
都應先以公司為重，
再加以員工方面的考量，
個人的利益則暫可置諸度外。

公司初創時就應對可能的結局做「沙盤推演」

打從創業之初，創業者與經營團隊就應該已經開始從事某些考量，一個是公司發展成功以後上市的可能性，另一個是與其他公司兼併的可能性。我這麼講，最主要的原因，是因爲這與日後創投的回收、投資時間的長短，以及公司日後的企業營運走向，都有著非常直接的關係。比如說，如果一個公司發展的技術或產品以後可能會被收購，那麼這個公司在決定投入大筆資金於市場發展與行銷推廣之前，就必須事先仔細考量公司的行銷策略方向。但是如果公司的產品屬於直接行銷型高檔產品的話，那麼公司有兩條路可走：一個是投入大量的資金發展自己的直接行銷團隊，另一個是藉兼併或ＯＥＭ的方式來獲取所需要的行銷網。反過來說，如果一個公司的產品走向不太可能在日後與其他企業合併的話，那麼從一開始的企劃案，就應該著重在有完整的市場計劃、行銷策略方向與相對資金的預算。

把精力集中在發展一個健全完整的公司是高回收的最佳保證

一般人對於公司合併，常有一些誤解，總以爲公司可以任意與其他企業合併，甚至把合併當成一個公司的最高目標。事實上，他們不了解的是，公司合併不是一個可以預測或預定的商業行為。一個小公司與另一個小公司合併的機會很小，反而被大公司兼併的可能性比較大。在這種情況下，兼併的大公司多半處於主導的地位。換句話說，兼併的大公司，他們的考量，多半是以它自己既定的策略方向為重，而主動去獵取它有興趣的小公司，他們絕對不會因為某些小公司的「頻送秋波」就心動。所以既然兼併的主導權不在小公司手上，如果一味強迫推銷自己，反而會引起大公司的猜忌與疑心，以為對方急於賤價求售，一定背後有什麼隱情，甚至意味著公司情況不佳。

在二〇〇〇年初網路泡沫的最高峰時，有許多光纖公司在很短的時間內成立。據統計，當時在光纖方面的創投總投資高達數十億美元。有許多人深信，光纖科技就像美國當年的鐵路浪潮，擁有光纖科技的資訊公司和擁有全國或全世界光纖網路的公司，將壟斷網路基礎設備的市場，可以對需要使用網路的用戶索取過路費，予取予求。在這樣的背景下，有「淘金心態」的資金一股湧入，而以被「科技併購」為目標的公司，更如雨後春筍般的冒出來。偏偏在這個時候，思科與加拿大北方電信也分別以高達六十億美元以上的天價，併購了一些非常小的光纖科技公司。其中，由波士頓名創業家，印度裔的德斯潘德先生所創立的菩提樹通訊公司，在只有幾個客戶與極少的營收的情況下把公司上市，市值竟一度高達數百億美元！只可惜好景不常，網路泡沫的洪流在一年之內衝走了這一切，如今只剩幾個眞正「有料」的公司。

另一個非常重要的考量，就是創業團隊的注意力的問題。員工們一旦以爲，公司在產品發展到一個階段以後，就將要找適當的機會，把公司脫手的話，將會造成公司日常的決策開始產生偏差，而往往就會在短時間內被併購的幻想所左右，最後甚至可能導致整個公司的失敗；即使最輕微的情況，也會使創業團隊在被併購的幻想破滅之後士氣一蹶不振。

所以不論創業的公司以後被併購的可能性有多高，公司的眼光一定要放遠，盡量的以平常心，踏實地一步一步的把目標鎖定在建立完整的新公司上面。唯有如此，不論將來公司的遠景如何轉變，公司團隊才能兵來將擋，水來土掩，對面臨的困難都能逐一化解。

公司合併的沙盤推演應先考量對方的策略

另外一個常見的誤解是，許多人總以爲只要發展出一些大公司需要的智慧財產(Intellectual Property)，他們沒有不考慮技術併購的理由。其實，大公司考慮併購的原因有很多，除了技術方面的考量外，更考慮到對方公司是否有與母公司理念相容的領導者、對方公司的的員工是否會對新公司忠誠效力、公司的科技產品是否與母公司互補、公司的所在地是否在母公司能有效管理的重點地區之中。思科在網路風潮最高峰的幾年，每年平均併購二十家以上的小公司，但也因爲許多其他考量而放棄不少有高智慧產品的小公司。

高價收購案多半由於買方搶購，而鮮有自我強力推銷而成功的例子

我三度創業，而前兩次都先後以被高價併購收場，尤其是第一次創業，在公司成立才七個月的情況下，就以一億五千萬美元的天價被收購。事實上，這個美好的紀錄，確曾在我第二次創業時，造成一些困擾。記得當我在延攬箭點創業團隊的時候，不論我如何的苦口婆心，勸大家把注意力集中在建立一個成功的公司上，很多員工還是自以爲既然我的第一個公司在那麼短的時間就賣走了，而且賣得那麼好，加入我的第二家公司，應該也可以在非常短的時間內，就可以苦盡甘來，一躍成爲百萬富翁。誰知人算不如天算，公司的產品研發一波三折，比原先預計的複雜許多，使得研發團隊日以繼夜的長期奮鬥掙扎。當公司逐漸步入二週年的時候，團隊的士氣開始下降，變得低落，而天天企

盼的收購案仍然悄然無蹤。這時候，一些人開始心情不穩定，患得患失。

就在這個時候，法國的電信大廠 Alcatel 突然對箭點產生了極大的興趣，主動對我提出併購的構想。我在與董事會討論過以後，決定與他們進行合併的會談。這一談就談了三個月，最後終於達成了初步協議，只要 Alcatel 的董事會同意，箭點就以十億美元的天價賣給法國。然而沒想到 Alcatel 的董事會卻在最後一個階段，否決了這個提案。這個晴天霹靂的消息，把整個經營團隊的士氣，一下子打得潰不成軍，久久無法恢復。

就在這種情況下，我深知，除非這個團隊能夠再出發，重新團結起來，以堅定的決心把公司從兼併不成的泥沼裏拉出來，否則兩年下來的心血都將付諸流水。於是，我把箭點的經營團隊都帶到公司外面，波士頓附近的一個會議休閒中心，一來，大家可以集思廣益，二來，可以利用這次會議，讓每一個部門主管，表達他們是否願意在兼併失敗以後，繼續同心協力，共同再出發。

在這一天的策略會議裡，經過各個部門主管分別報告了他們的意見以後，我要求大家公開表達他們對於公司往後方向的意見，並請每一個人都發表他們對日後兼併或繼續發展獨立公司這兩條截然不同的路線的看法，並事先言明，我最後的決定可能會與大多數的意見相左。最後的結果，除了人事部門的主管表態支持繼續發展獨立的公司以外，其他的重要主管都主張積極尋求與其他公司合併的機會。我對於這個結論感到非常失望傷心，因爲我深知如果公司在弱勢的情況下主動的尋求合併的話，會使公司大部分的市值都流失，而且極有可能因爲決定尋求合併而造成公司的營運脫軌。當時我在總結時，感謝大家的進言，同時表示我會在最短的時間內做出決定，並請各部門主管，不論結論是否與他們的意見相符，期盼大家都能同心協力，爲公司的前途打拼。

在會議過後的那個週末，我渡過了箭點生涯裡最惶恐，最黯淡的兩天。我反覆的思索，爲自己與絕大多數主管的意見相左而感到憂心。我甚至懷疑，是否自己被個人對公司期望過高的盲點所蒙蔽。我不知道甘迺迪總統在思索古巴飛彈危機時，是否也感到一樣的孤獨無助，感到一樣的「高處不勝寒」。我想他的壓力一定比我的大千百倍，因爲我的決定只影響幾百人的一生，而他的決定卻可能改變整個國家的前景。

我終於說服自己，我的經營團隊是被近利所影響，而忘記了一個公司除非有眞正緊急的經營困境，否則絕不應主動求售，而我的經營團隊不成熟的反應，正暴露了一個團隊致命的弱點，也就是公司需要一個更有經營理念的領導者。這個結論，導致我與董事會做了引進一個重量級總經理的決定，並進一步決定，公司一定要在風雨中保持鎭定，低頭勇猛前進，而絕不再浪費時間尋找兼併的對象。

化危機爲轉機

在我宣布這個決定的時候，我已經有了接受部門主管求去的準備。但萬萬沒想到，大家都尊重我的決定，沒有一個人因而退卻。這個關鍵性的決定，最後導致了箭點在二○○○年三月網路泡沫的初期仍然成功的上市，並且市值一度高達五十億美元，進而促成了思科在兩個月之後宣佈的五十七億美元的天價併購案。這個併購案至今仍是麻州歷史上的第二大企業併購的例子，比前一年的Alcatel給箭點的十億元併購提議足足高了將近六倍！

從這件事情的發展與處理過程，我學到的是，一個領導者應該如何保持客觀，更重要的是要能沉著深思，處變不驚，化危機

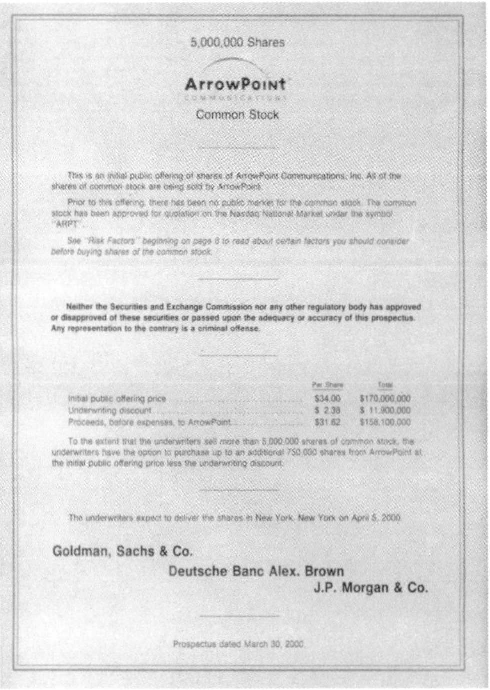

5,000,000 Shares

ArrowPoint Communications

Common Stock

This is an initial public offering of shares of ArrowPoint Communications, Inc. All of the shares of common stock are being sold by ArrowPoint.

Prior to this offering, there has been no public market for the common stock. The common stock has been approved for quotation on the Nasdaq National Market under the symbol "ARPT".

See "Risk Factors" beginning on page 6 to read about certain factors you should consider before buying shares of the common stock.

Neither the Securities and Exchange Commission nor any other regulatory body has approved or disapproved of these securities or passed upon the adequacy or accuracy of this prospectus. Any representation to the contrary is a criminal offense.

	Per Share	Total
Initial public offering price	$34.00	$170,000,000
Underwriting discount	$ 2.38	$ 11,900,000
Proceeds, before expenses, to ArrowPoint	$31.62	$158,100,000

To the extent that the underwriters sell more than 5,000,000 shares of common stock, the underwriters have the option to purchase up to an additional 750,000 shares from ArrowPoint at the initial public offering price less the underwriting discount.

The underwriters expect to deliver the shares in New York, New York on April 5, 2000.

Goldman, Sachs & Co.

Deutsche Banc Alex. Brown

J.P. Morgan & Co.

Prospectus dated March 30, 2000.

箭點上市時的S1 Report

爲轉機。公司是否被併購，不是一個被併購者所能主導的商業行爲。因此，唯有專心一志，把公司經營的重心放遠，才有日後「放長線釣大魚」的機會。

經常有人問我，一個公司是上市好還是被兼併好？這個似是而非的問題，正是問題的癥結所在，因爲兼併與否難以預料，所以唯一的方法就是把目標放遠，把公司經營成一個可以上市的公司。

公司上市需要非常完備的籌劃

通常一個公司在產品營收與獲利持續成長了一段時間後，就可以開始考慮公司股票上市的問題。那麼公司上市的先決條件是什麼呢？這個問題的答案與上市的地點、市場的時機與產品的市場需求都有直接的關係。

首先，上市前的準備才是眞正決定公司上市以後能否成功的最重要因素。如果公司在時機尚未成熟之前，便硬行上市，即使可能逞一時之快，但是如果上市的股值不能維持，而創辦團隊與原投資者又因證券法的種種

箭點首次公開募股（IPO）專機

牽制，不能及時脫股，那麼數年來的心血可能會一舉付諸流水。

上市的公司是一個所謂的公開公司（Public Company），它的一切商業行爲受到國家商業法令的限制，稍有曖昧的商業行爲都可能遭到司法調查，輕則影響公司運作，重則導致公司的崩潰。所以除非公司營運已經達到一定的水準，否則不應爲「逞一時之快」而貿然上市。

上市公司的股值與公司的成長預測、盈餘展望及公司的競爭力都有最直接的關係，而且不能有任何讓投資人失望的可能，因爲再微小的營運失誤都有可能使股值一瀉千里。所以上市之前的準備應著重下列幾項要點：

1. 公司在過去六個月到一年之間的營運與盈餘是否已趨穩定成長？
2. 公司的營運收支是否已有良好的預見度？
3. 公司的產品是否足以產生市場優勢或促成市場佔有率的成長？
4. 公司的經營團隊是否有經營上市公司的經驗？
5. 公司的企業收支會計是否已符合上市公司標準？
6. 公司的公關與法律部門是否足以應付上市公司的需求？

7.公司的主要客戶是否有長期維持關係的意願？

8.公司的開創團隊是否有與公司長相守共甘苦的準備？

上述的最後一點尤其重要，因爲一個上市的公司，如果原投資者或創辦人急於把手上的持股拋售或不再眷戀公司的職位，往往會因此引起股市的反彈。所以美國的證券法對於創辦人與公司經營團隊在何時可以買賣自己公司的股票有非常嚴格的規定。

公司上市是每一個創業者的夢想，但是公司上市代表的只是公司已經長大成人，而不表示創業團隊可以從此安享天年，進入坐享其成，不再有困苦的時代。相反的，公司上市只是一個階段的結束，另一個企業成長階段的開始。上市難，上市以後要維持股價更難。

根據美國那斯達克（NASDAQ）股市的統計，百分之九十五以上在過去五年上市的科技股，在上市一年以後的股價竟然比上市時低！

創業者多半對自己的公司有許多期許，總希望它能有一天成爲一個受人推崇的跨國大企業而百年不墜。事實上，尤其是高科技公司，能夠維持十年榮景的公司極少；大部分的上市科技公司也都在上市十年內，因兼併或公司營運衰退而消失。唯一殘存的，往往僅是當年研發的產品，和原創辦人的熱忱與願景。事實上，每一雙篳路藍縷的腳印，都正在爲下一個創投公司默默的鋪路。

結語
我三度創業的反思

（澳洲墨爾本）

找到自己熱愛的挑戰，
就像找到一池永不枯竭的泉水，
令人忘記疲勞。
財富不是成功的指標，
只是在助他人圓夢的同時，
命運之神所附贈的一份灑脫。

BELIEVE & SUCCEED

The Key To Happiness Is Having Dreams...

The Key To Success Is Making Dreams Come True.

相信與成就：

幸福之鑰在於有夢⋯

成功之鑰在於使夢成眞。

這個座右銘是有一年內人送我的生日禮物。這些年來，每次讀它都讓我因共鳴而感慨萬千。幻想自己的前景不應該是童年才有的權利。人類歷史裡的每一個重大突破，都是先夢想出來的。而更常見的是，許多重大發明的眞正影響，反而都是在事過境遷多年後才慢慢被人瞭解。

回顧一九九五年以來的創業歷程，我發覺我的第一次創業是出於「**偶然**」，第二次創業是爲了**挑戰自己**，看自己到底有多少能耐，第三次創業則是因爲「**上癮**」和爲了**回饋**。

父親的經歷使我覺得應該去發現自己

我的第一次創業是「偶然」，因爲在這之前，我一直在麻州的電腦公司任職，是個標準的上班族。唯一比較特殊的是我是華裔中極爲少數的部門主管，十年下來也一步一步升到副總裁，這在八〇年代的美國還相當少見。我在認識陳五福先生之前，對創業所知有限，只是總覺得不管自己在公司裡的職位有多高，做起事來仍然覺得很受束縛。我父親所受教育極爲有限，年輕的時候跟著師父學木工，卻在他二十幾歲時就獨自出來創業，而且開創出他自己的一片天。也許正因爲家父，使我覺得應該去發現自己。

與陳五福首度創業使我踏上創業的不歸路

我在一九九五年的春天與陳五福先生共創第一個公司愛力思通訊公司（Arris Networks）的時候，已經四十五歲，那時正是網際網路產業開始爆炸性成長的前夕。當時自己並不知道正處身在一個劃時代的網路革命裡，一直到一九九六年美國國會電信改革法案引發一個網際網路的投資熱潮後，才明白因爲我們比別人起步早了將近一年，並成功的預測網際網路在大幅成長後將會不勝負荷，因而導致對下一代大型網路交換機的需求。這個經驗讓我深深體會到搶攻市場先機的重要性，也因此引發了思科對愛力思通訊公司的併購興趣，並且還帶動了與五福先前創立的瀑布通訊公司之間的競標。

掌握先機，義無反顧

最後，愛力思通訊公司以一·五億美元賣給瀑布通訊公司，也締造了僅僅二十五名員工在短短七個月內創造出一·五億美元財富的佳話。當時我對愛力思的員工說，由於每個員工平均創造了六百萬美元的回報，因此大家每一個人都是美國電視影集中的"Six Million Dollar Man"的眞實例子。

五福對市場先機的堅持，讓我印象深刻，所以我也常常以我們之間的小故事來激勵我公

愛力思通訊公司的子弟兵

司的員工。記得有一次我和五福在波士頓附近的一個旅館大廳會面，討論愛力思公司創辦的時間表。我問五福是否可以在三個月後再正式成立，因爲如果可行，我可以在現任公司多領到一筆大約十萬美元的紅利和股票選擇權，而且我也可藉此好好準備。

沒想到，五福卻堅持公司一定要立刻開，因爲一旦產品的方向底定，就應把握所有的時間向前衝。這筆錢在當時對我來講並不是小數目，因爲五福堅持，我才毅然放棄，後來證明這個決定是正確的。這件事不但讓我深切的體會到市場先機的重要性，也讓我學到一旦自己下定決心去做一件事，就應該破釜沉舟，義無反顧的去做，而不要患得患失。一直到今天在我挑選創業團隊時，我還是會試探他們是否願意先放棄自己的工作，爲新公司打拼幾個月的無給薪日子。我的用意，就是想要了解他們的決心。

第一次成功，並不保證下次會成功

另外，所謂市場的先機，並不意味我們能很準確地預測它的成熟時機。換句話說，預測市場的成熟時機是藝術，也是經驗的直覺，而不是科學。因此，最重要的是要在創業團隊內先營造一種市場先機的「危機意識」，讓產品的進度可以在市場成熟前完成，並搶在競爭對手之前推出。反過來講，在市場時機未成熟時就急著推出產品，這和喪失市場先機一樣是失敗的。

當年愛力思的創辦團隊眞是「臥虎藏龍」，事後大家各自在數年內又另創其他公司。除了五福從此把發展的重心移到美國西岸外，其他愛力思「子弟兵」在東岸也闖出一片天，前後成立了六、七家不同的公司，其中有兩家成功上市，而另兩家被高價併購，並因此提供了上千個高科技就業機會。由於五福的知遇之恩，讓我從此走出一條自己的創業生涯，又因爲創業而造就一批新世代的創業人才，眞是「無心插柳柳成蔭」，也是自己最感自豪的事。

一般人總是只看到創業成功的例子，而不知開創的艱辛和每天工作所要應對的「危機」。每一個成功的結局，都是在「步步危機」後倖存下的果實，極其珍貴。這次的成功更讓我學到，一次的成功並不能給日後成功任何的保證。因此，每次都要以初學者虛心受教的心態來接受新的挑戰，才能種下再成功的遠因。這就是所謂的「勝不驕，敗不餒」。由於每一次再出發都可能失敗，所以每一次都要有輸得起的心理準備。

箭點創造了兩百多個百萬富翁，但也毀了一些人的人生目標

我第二次創業，是爲了挑戰自己，並證明自己可以獨當一面，有能力把一家公司從頭到尾帶出來。雖然箭點公司在三年半的時間內從平地而起，先是在美國上市，後來又被思科高價收購，但是它的成長過程卻是一部歷盡滄桑的奮鬥史，其中有公司高層的爭鬥、員工長期的掙扎和惶恐，以及市場上的千變萬化。我在箭點看到的不只是一部公司開疆拓土的血淚史，也看到了人性在各種煎熬下的脆弱無助與極端反彈。

箭點公司的成功，製造了兩百個以上的百萬富翁，使他們無後顧之憂，卻也讓一部份人因爲擁有了財富，而毀了人生目標，從此迷失自己。這是我始料未及的。至今我還不能肯定，我給他們帶來的影響是好還是壞？但有一點可以肯定的是，我從這次的經驗，更加深了自己對培養下一代的使命感。我相信只有培養更多

箭點研發團隊

有使命感的人，才能眞正讓這個社會逐步地脫胎換骨。

我的第三次創業是因爲「上癮」和爲了回饋。我在二〇〇二年接受美國麻州電信協會賦予「年度電信工業推手」稱號的榮耀，在台上即興致答詞時，無意間說了一段自己的心歷過程。我說：

"My wife and I settled in Massachusetts in 1978, one year after graduating from Indiana University. When I first came to the state, I knew absolutely nothing. Everything I know today, I've learned it from those around me. Every success I have enjoyed, I've accomplished it with the help of those around me. As such, it is now time for me to give it to where I got it all to begin with."（一九七八年，印第安那大學畢業後一年，我和內人在麻州落腳定居。當年，我初來這個州，還缺乏磨練。今天我所知道的一切，都是從四周的人學來的。我所享有的所有成就，都是四周的人幫助我完成的。如今，我把這一切回饋給我賴以起步的地方，正是時候。）

我爲我自己的這一段話感到驕傲，可惜當時內人不能在現場與我分享我的感受。這段話道盡了我爲甚麼在「五二歲高齡」還創辦 Acopia Networks 的用心。

科技人的人文責任

有時，我與內人討論有關高科技和社會人文之間是否可以推展良性互動的話題，嘗試從不同的角度尋找交集——我是經過理工訓練的「科技人」，內人是受人文藝術薰陶的「藝術人」。

比方說，像微軟創辦人比爾・蓋茲大量注入金錢，協助強化全球公共衛生措施，就可說是科技與社會人文互動的例子。另外，哈佛商學院有鑒於最近企業醜聞不斷，嚴重影響到經濟發展，已決定加開必修課程，商學院的MBA新生要增修道德理論的新課程。這是另一個互動的相關例子。

當無線手機、多媒體內容與*e*化商務交織出一片新的天空，隨之而來的，除產業發達、生產力提昇外，還有因科技而起的社會人文變遷。英國威爾斯大學的羅斯・金（Ross King）教授最近在他的實驗室裡發展出有思考能力的機器人，正足以凸顯人文社會在未來將會面臨的挑戰。

現在人們每天平均花五倍以上的時間和機器溝通。知識爆炸的另一個涵義，是每一秒鐘都有成千上萬新的資訊圍繞著我們，讓我們去選擇、擷取、應用。「等待」這個字眼被賦予了負面的意義，將逐漸從現代社會快速的步調中被遺忘。然而就人文藝術的角度來看，「等待」不見得是壞事，它也可以是一種意境。

曾經，歷史中出現了絕佳的文學與意境空靈的藝術，而這些作品卻是從一種類似靜寂反思的等待、探索、追尋等等意境裏面歷練出來的。生活步調中偶爾的空白時段，其實是必需的。

因此，如何從科技掛帥，經濟強權，人文道德藝術屈居從屬地位的對比之中，拓展出雙方能相輔相成的雙贏境界？我不懂禪，但聽說禪學中有思考參悟「公案」(Koan) 的課業。我想，就以「高科技與社會人文的關係」做爲結束本書的「公案」吧。

後記

我寫書的動機，是在應今週刊雜誌副總編輯林宏文先生邀稿寫一些科技趨勢的專欄之後才有的想法。這本書今天得以付梓，宏文當初的邀稿與鼓勵是我提筆開始寫書眞正的「因」。宏文並在籌劃出版過程中給我許多指引與教導，令我衷心感激。

我的兩位交大同窗老友林銘瑤與顏幼信，他們花了很多的時間閱讀書稿，給了我許多寶貴的建議，在此特別致謝。大塊文化出版公司編輯部的陳郁馨小姐，在這一年之中，一直從旁協助我解決出版的許多細節，也一併致謝。

我很感激內人不厭其煩的陪著我，鼓勵我，把我中文寫作技巧因三十年未動筆的乾澀，都巧妙的修改隱藏起來。最後，我要感謝所有在我事業生涯中，啓發我，教導我，關心我的朋友。

西元二〇〇四年一月二十五日完稿

附錄1　一封童年好友的信

錦城：

收到這封信，也是預料中的吧？說不定你內心還會唸：「這小子，居然還用寫信的，也不會用 e-mail！」「這麼慢才來祝賀？」記得以前常被你說，我是個大嘴巴。現在年紀大了，很多事覺得多說無益，收斂極多。但忍不住還是把剪報拿給佛學研究所上課的學生看，似乎連同樣出生於新竹的人，都能沾點光了，更何況是幼稚園同班，流鼻涕一起長大的少年伙伴。

這原本也是預料中的事，只是超乎想像，變得像是夢境一般。記得四分之一世紀前，有一夜，你、我和羅美浩①，三人縮在你家的載玻璃貨車中，曾經，邊抽著菸，邊談著退伍以後的出路等問題。不知是誰說起，再過二、三十年之後，不知我們將會在何處？變

①楊德輝與羅美浩是作者從小一起長大的摯友。雖然每個人的所學與經歷迴異，卻相知甚深。

成何種人？現在答案似乎差不多揭曉了。當時不知你我頭腦中所想像的，未來前途夢境理想爲何？對成功的定義爲何？

恐怕年輕人大致都有自己所謂的理想吧？能相投契合，相交近四十年，我想我應該有資格說一句：「這個世界上，巨富不少，但是，要說能保存年少時純眞氣質，具備知識份子的使命感，而且妻子兒女，與一般世俗富貴人家不同，是靈性的擁有者，恐怕數量就銳減剩下不到萬分之一吧？」

過去在書中常看到一句「人的偉大，在於平凡」之類的話。不過先決條件，常是本身泛泛毫無成就，故「不得不平凡」，這是馬後砲式的自命不凡。在報上，當我看到錦城那句「不要強調這些，金錢對我的生命意義並不重要，也不覺得對我的人生造成多大影響」之時，彷彿二十歲一起吃麵線糊，看電影，亂蓋瞎扯的幾個無聊男子的影像，又浮現在眼前。

一個人成就的背後，必然藏有許多外人所不知的辛酸艱苦，就像夏日後的雷雨交加，將酷熱一掃而空，那是一股連數千萬台冷氣機都無法辦到的巨大能量。

就以這些胡言亂語，代表一個年輕時代的無聊男子，發自內心，由衷的祝福。

德輝 二〇〇〇・五・十

附錄2　箭點人事部主任愛倫的信

Cheng,
I know this company's success has been a dream of yours for a long time. I wanted to congratulate you, and thank you for allowing me to be a part of it. My heart was with you, on Friday, when you spoke (at company's IPO reception party), as were the hearts of all of the employees who have worked so hard. You are an inspirational person, and it is easy to see why people follow you, and respect you so. Congratulations on your well deserved success, and thank you again.

Ellen Dipasquale
Director, Human Resources, ArrowPoint Communications
April 1st., 2000

錦城，
我知道，公司成功一直是你長久以來的夢想。我要祝賀你，也想藉此謝謝你讓我成爲這成功夢想的一部份。星期五，你（在公司的首次公開募股【IPO】接待酒會上）講話時，我是感同身受，就如同所有辛勤工作的員工。你是那麼令人感奮的一個人。人們追隨你，對你敬重有加的原因，是顯而易見的。你的成就，是實至名歸。恭喜，並再次向你致謝。

愛倫・迪帕斯奎爾
箭點通訊人事部主任
2000 年 4 月 1 日

附錄3 交大友訊班刊——「步入中年」主題有感

幾星期前我與內人去看電影，在買票的時候突然注意到售票口上的票價，把五十五歲以上定爲 senior citizen，有特別的打折優待。看到這個看來沒有什麼特別意義的公告，讓我感觸良深。

年紀愈大，愈覺得時間的可貴，反而覺得想做的，就去做，而且不要拖。我喜歡跟年輕人一起工作，漸漸的我也能接受自己公司裡的年輕工程師只有自己的孩子一般大。看到他們對自己未來的憧憬，好像又看到三十年前的自己，深怕打破他們的夢。雖然不是自己的孩子，但是眞希望每一個有心的夢都成眞。

步入中年後，常常會想一些人生的意義的問題。想當年，想這些存在的問題是時髦。現在卻是眞的想。漸漸的，我發現自己懷舊。我變得喜歡舊建築，喜歡回台灣找兒時的巷子，喜歡老歌，而且愈老愈好，喜歡旅遊，因爲從那裡可以看到不同的過去。自從上次同學會後，我又變得喜歡寫中文了。

人生苦短，所以不可輕言退休，至少不能沒有新的挑戰，不能停止自己做夢的權利。

錦城

2003 年 12 月

附錄 4 “The Soul of a New Company” 演講大綱

創業家的靈魂

高科技創業的成敗關鍵

吳錦城

Acopia Networks董事長

cwu@acopia.com

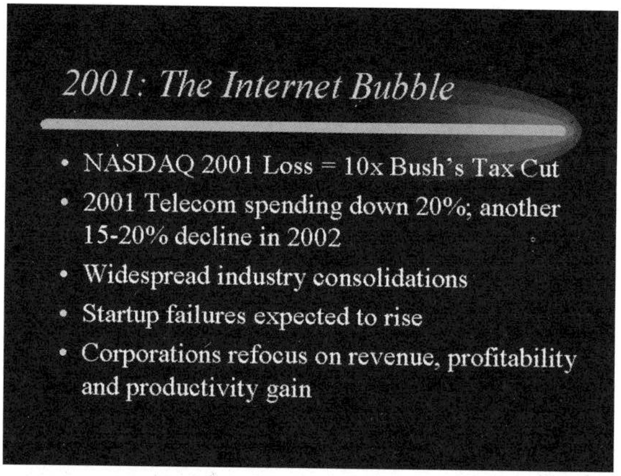
2001: The Internet Bubble
• NASDAQ 2001 Loss = 10x Bush's Tax Cut
• 2001 Telecom spending down 20%; another 15-20% decline in 2002
• Widespread industry consolidations
• Startup failures expected to rise
• Corporations refocus on revenue, profitability and productivity gain

2001年：網路泡沫

- 2001年美國科技股市NASDAQ的跌幅，是布希總統同年的減稅案總額的十倍
- 全球電信基礎設備開支在2001年減少20%之後，2002年又減少15-20%
- 網路泡沫造成的過度投資，將造成今後數年企業競相兼併，以達節流之效
- 2000年以後的過度投資，將使今後數年的初次創投失敗率升高
- 公司再度將重心置於傳統的營收、利潤及生產力的提升

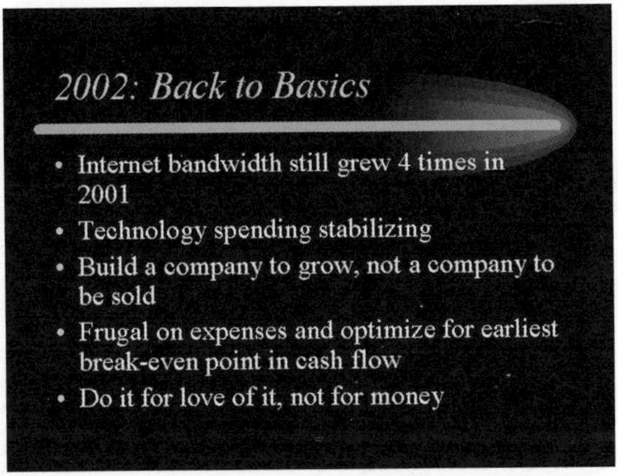
2002: Back to Basics
• Internet bandwidth still grew 4 times in 2001
• Technology spending stabilizing
• Build a company to grow, not a company to be sold
• Frugal on expenses and optimize for earliest break-even point in cash flow
• Do it for love of it, not for money

2002年：重返傳統的公司營運基本原則

- 網際網路頻寬於2001年仍成長四倍，顯示資訊科技將逐漸恢復景氣
- 科技開銷趨於穩定，持續下跌的趨勢明顯趨緩
- 今後成功的新創辦公司將會是以成長爲主軸，眼光弘遠的公司，而非追求短期脫手的近利公司
- 傳統的企業開源節流經營哲學再度抬頭，力求現金流動早日平衡
- 投機性高回報已不復存在，爲熱愛企業而創業，而非爲了錢

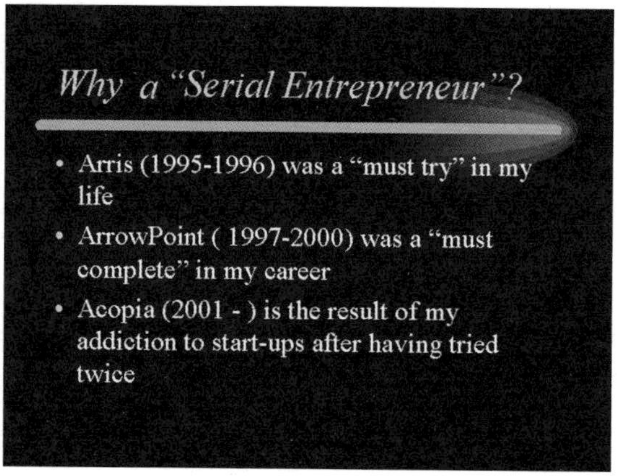
Why a "Serial Entrepreneur"?
• Arris (1995-1996) was a "must try" in my life
• ArrowPoint (1997-2000) was a "must complete" in my career
• Acopia (2001 -) is the result of my addiction to start-ups after having tried twice

何以一再創業？

- 愛力思公司（1995-1996）是我人生中的「必須一試」
- 箭點通訊（1997-2000）是我事業生涯中的「必須完成」
- Acopia （2001-）則是我兩次創業之後「上癮」的結果

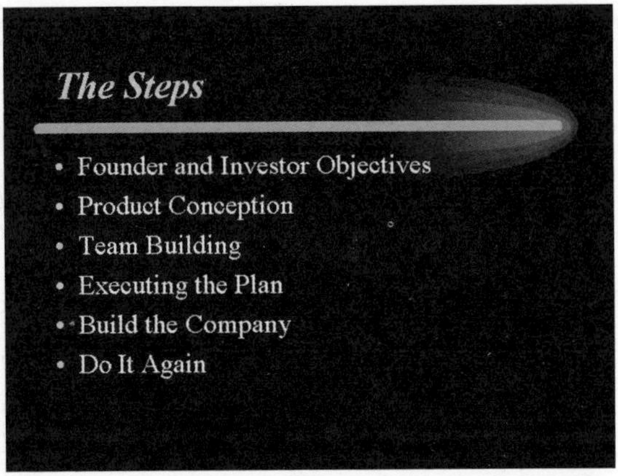
The Steps
• Founder and Investor Objectives
• Product Conception
• Team Building
• Executing the Plan
• Build the Company
• Do It Again

步驟

- 創辦人與投資者的目標
- 產品構思
- 團隊組成
- 執行計畫
- 建立公司
- 大功告成，又是尋找下一個挑戰，再一次創業的時候了！

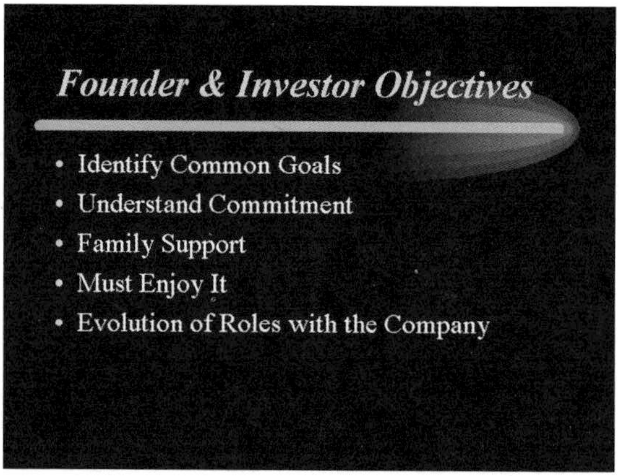
Founder & Investor Objectives
• Identify Common Goals
• Understand Commitment
• Family Support
• Must Enjoy It
• Evolution of Roles with the Company

創辦人與投資者的目標

- 確定創辦人與投資者的投資共同目標，以達同心協力之效
- 了解團隊成員是否有堅持奮鬥到底的決心
- 創業是全家人的共同決定，家人的支持往往是日後成功的關鍵
- 創業維艱，所以必須樂在工作
- 隨著公司成長，創辦人的角色可能會變，需要有處處以公司爲重的胸襟

Founders and Company

- Good companies are started by founders, but built by a team
- Every new company's culture bears the value judgment of its founders
- Founders do not own the company; they start it
- A company evolves over time, so do the roles of its founders

創辦人與公司

- 好公司雖由創辦人初創，但公司的成敗卻繫於整個團隊的優劣
- 每個新公司的企業文化，都承載了創辦人的價值判斷
- 創辦人並不一定是公司的主人；他們往往只是發動者
- 公司的發展因時而演變，創辦人的角色亦然

Entrepreneurs and Investors

- Entrepreneurs and investors are not necessarily confrontational in nature
- The best model for success is partnership
- It takes good investors and good entrepreneurs to start with the right footing; it takes God to determine the timing

企業家與投資人

- 企業家與投資人本應相輔相成——而非對立
- 夥伴關係是促使公司日後成功的最佳模式
- 起步正確，有賴於好的投資人和企業家；時機，則全憑老天

Product Conception

- Develop Balanced Skills in Technology, Marketing and Business
- Trust Your Instinct
- Think Big, Start Small
- Observe 10 X Factors
- Just Enough Marketing
- Time Is Critical

產品構思

- 科技、行銷、營運，當求其平衡
- 信任自己的直覺
- 願景要大，起步要小，以免好高騖遠
- 觀察10倍速因素
- 適切行銷
- 產品在市場切入的時間是公司成功的關鍵之一

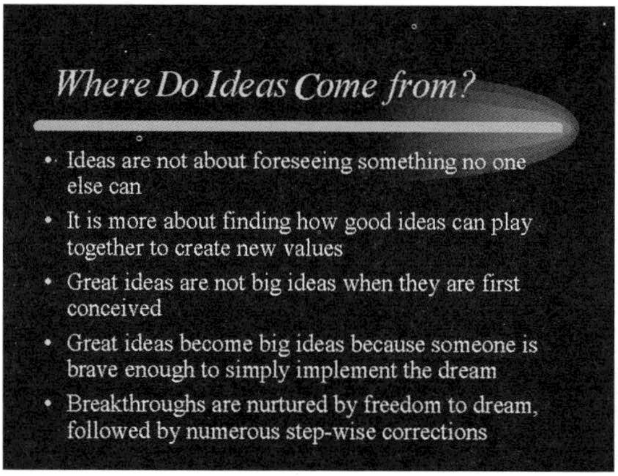
Where Do Ideas Come from?
• Ideas are not about foreseeing something no one else can
• It is more about finding how good ideas can play together to create new values
• Great ideas are not big ideas when they are first conceived
• Great ideas become big ideas because someone is brave enough to simply implement the dream
• Breakthroughs are nurtured by freedom to dream, followed by numerous step-wise corrections

點子來自何方？

- 點子無關乎是否預見別人看不到的事
- 更重要的，是好點子如何結合起來創造新價值
- 構思之初，好點子未必是什麼偉大的點子
- 好點子之所以成爲偉大的點子，是因爲有人敢於實現夢想
- 突破源於自由夢想，並繼之以自我逐步修正

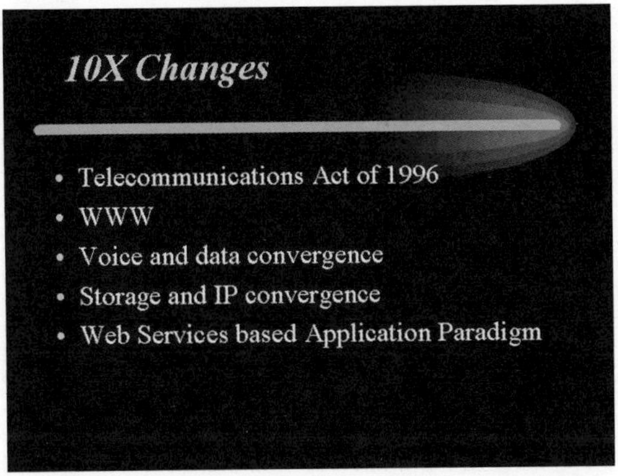
10X Changes
• Telecommunications Act of 1996
• WWW
• Voice and data convergence
• Storage and IP convergence
• Web Services based Application Paradigm

10倍速變遷

- 1996年電信改革法案
- www
- 藉網際網路發展出來的「網話」將取代傳統的「電話」
- 資訊儲存將可經過網際網路儲存在網路公司
- 電腦的應用軟體將可在不同操作平台互通

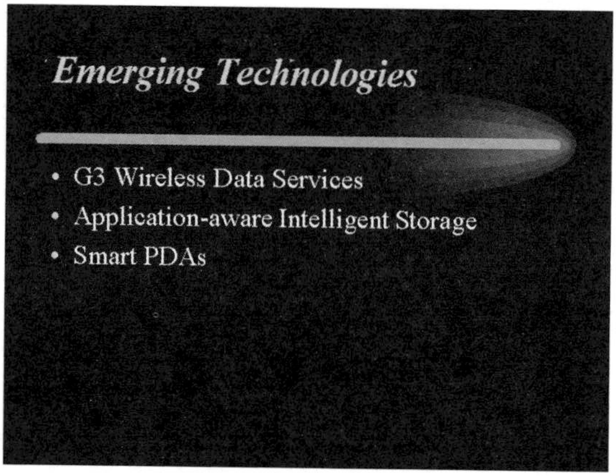
Emerging Technologies
• G3 Wireless Data Services
• Application-aware Intelligent Storage
• Smart PDAs

新興科技

- 第三代無線手機加值服務
- 智慧型資訊儲存系統
- 智慧型PDA

Team Building

- Idea is only 1/3 of what it takes
- Team work is more important than superstars
- Known quality is more important than unknown talent
- A good team could adapt; a bad team fails
- Diversity is good

組成團隊

- 點子僅佔三分之一的份量
- 團隊合作勝於超級巨星
- 已知的人格特質重於未知的才能
- 好團隊富於彈性，壞團隊則否
- 成員多樣化是好的

Execute the Plan

- Early market validation and customer feedback
- Lead by example
- Staying ahead of the team
- Sales starts at the same time as development
- Adapt to new market conditions
- Foster family bonding

執行計畫

- 早期的市場肯定和客戶回饋
- 以實例爲師
- 身先士卒
- 研發階段就開始行銷
- 適應新的市場條件
- 培養公司與團隊成員家人之間的凝聚力

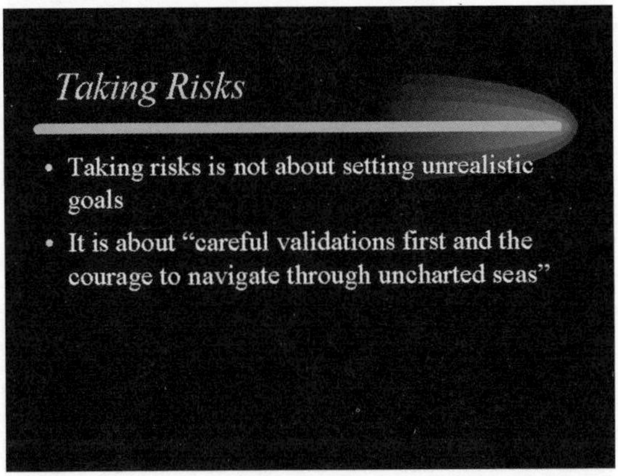
Taking Risks
• Taking risks is not about setting unrealistic goals
• It is about "careful validations first and the courage to navigate through uncharted seas"

承擔風險

- 承擔風險並非設定不切實際的目標
- 承擔風險是以市場的確切肯定爲先，並勇於向未知領域邁進

Success and Wealth

- Thinking about the wealth potential is a distraction to accomplish your idea
- If the idea is a good, you need all the time you have to realize it
- If the idea is bad, you need all the time you have to change it
- If the idea is ultimately good, wealth comes after that naturally

成功與財富

- 掛心可能的財富，會擾亂你實現夢想
- 只要是好點子，就應該全力以赴
- 若是壞點子，就應該全力改變
- 只要點子確定是好的，財富自將隨之而來

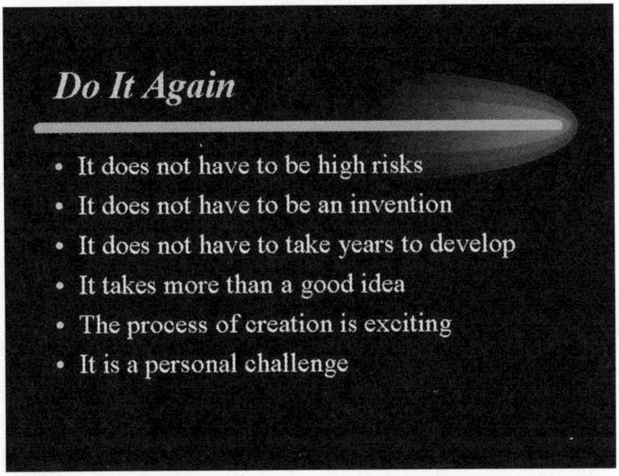
Do It Again
• It does not have to be high risks
• It does not have to be an invention
• It does not have to take years to develop
• It takes more than a good idea
• The process of creation is exciting
• It is a personal challenge

再試一次時……

- 未必要是高風險的
- 未必要是新發明
- 未必要耗費數年時間來研發
- 要的不只是好點子
- 創造的過程令人興奮
- 這是對個人的挑戰

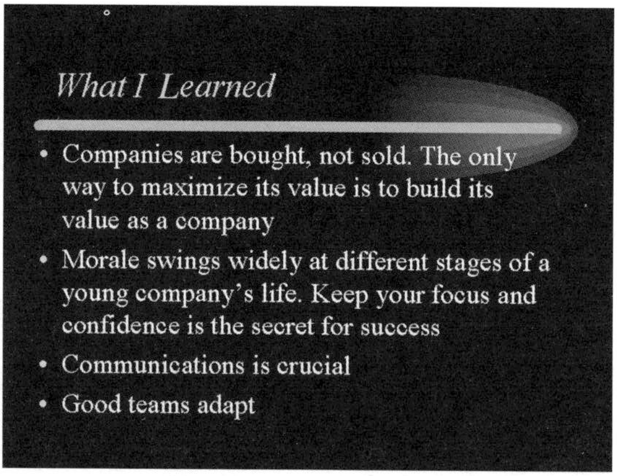
What I Learned
• Companies are bought, not sold. The only way to maximize its value is to build its value as a company
• Morale swings widely at different stages of a young company's life. Keep your focus and confidence is the secret for success
• Communications is crucial
• Good teams adapt

我學到的教訓

- 公司是買來的，不是爲了出售。將公司價值最大化的途徑，是建立它作爲一個公司的價值
- 在新公司的不同階段，士氣擺盪極大；務求專注於成功的祕訣，並保持信心
- 溝通攸關重要
- 好團隊善於調整

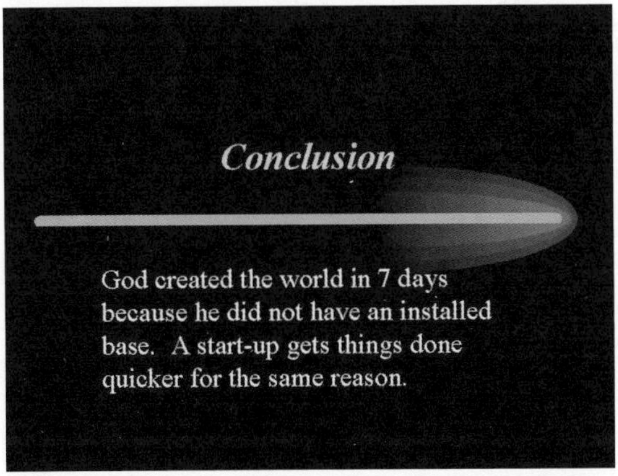
Conclusion
God created the world in 7 days because he did not have an installed base. A start-up gets things done quicker for the same reason.

結語

上帝在七天內創造世界，因爲祂開始創造世界時，不用擔心世界上人的意見；同樣地，創業家動作也應該很快，因爲新公司在產品發展出來前，不必因現有的顧客而分神。

LOCUS

LOCUS

LOCUS

LOCUS